U0175785

编 委 会

数据要素前沿九讲

清华大学社会科学学院经济学研究所　编著

人民出版社

目　录

序　言

有温度的智慧与有秩序的同理

——社会科学对数字文明时代的意义

在人类的思想发展史上，有几次重大的思想范式的转变。每一次转变都塑造出一种全新的人类社会生活。第一次转变发生在两千多年前的轴心时代，以哲学为代表的人类理性的光芒从神性的笼罩中绽放出来，它为人类插上了飞向自由意志与寻求自我解放的翅膀。第二次转变发生在三四百年前地理大发现、文艺复兴与工业革命时期，以科学为代表的启蒙思想将人们从形而上学的荒芜中释放出来，它为人类形成现代国家并走向现代文明提供了无比绚烂的物质滋养。今天，我们这一代人似乎正幸运地见证人类思想范式的第三次转变。这就是以数字经济为代表的数字时代与传统现实社会交相辉映的新概念时代下人们面对传统的逻辑、真理、伦理、道德、文化与秩序所开始探索建构的全新思维。

著名畅销书作者丹尼尔·平克在其《全新思维》一书中写道："过去，它属于某些具有特定思维的人，即编写代码的电脑程序员、起草协议的律师和处理各种数据的 MBA。然而，事情正在发生改变，未来将属于那些具有独特思维、与众不同的人，即有创造性思维、共情型思维、模式辨别思维或探寻意义型思维的人。他们将会获得最大的社会回报，并享受到极大的快乐与幸福。"如果你也支持平克的说法，认为我们的生活正在从现实世界迈向虚拟世界，我们的社会正在从固态社会迈向流态社会，我们的思维正在从后工业时代迈向数字时代或者概念时代，那么我想告诉大家，这种新的思想范式正是来自于社会科学的贡献！

社会科学与纯粹的人文学科和纯粹的自然科学不太一样。简单来说，粗轮廓的学术研究大致分成科学研究与非科学研究两种。自然科学是最典型的科学研究，人文学科是典型的非科学研究，而社会科学是非典型的科学研究。

科学研究的特征是结论必须要证实或证伪。证实的叫真理，证伪的叫谬误，还没证出来的叫假说。人类对世界的认识从科学视角来看，都是先提出某个假说，然后证实或证伪。假说的命运在科学家的眼中只有两种：一种是被证实而成为人类的暂时的真理，另一种是被证伪而被人类历史所抛弃。科学的精神不是钻事实是否正确的牛角尖，而是义无反顾地去证明。

非科学研究则正好相反。结论不能被证实，亦不能被证伪，而且可能什么时候什么地点或者什么人都不太能。比如"神真的存在吗？""为什么你不爱我？"或者"为什么李白的诗、梵高的画那么受人欢迎?"等等。这些问题都无法证实或者证伪，也没那个必要。非科学研究最重要的作用是为人类提出问题、启迪思考与磨炼思维。宗教、文学、艺术、哲学、美学、伦理学等都属于这一范畴之中。

而非典型的科学研究却是社会科学的领地。它介于纯粹的科学与纯粹的非科学之间，是帮助人类的认知、情感、意志与现实世界和理念世界的事实、秩序、期待达成和谐的人文关怀与科学态度的结合体。它最重要的使命就是在人与人、人与社会、人与自然之间建立起热爱真理、探索未知、求证意义和建构幸福的桥梁。如果说科学不以务必正确而以务必实证为追求，人文不以肯定结论而以提出问题为追求，那么社会科学则是为人类能够运用正确的思维开启面向世界的智慧与关切为不懈的追求。这种态度塑造了社会科学"科学精神、人文关怀"的价值观，特别对于人类今天从现实世界走向以数字为载体的虚拟世界所需要建构起来的全新伦理、秩序、道德与价值诉求，有着极为重大的意义。

与具体的物体不同，数字的崛起是人类历史上又一次伟大的集体创造，而且可能是比以往任何集体创造都更激动人心的文明成果。数字不仅能够表达物品、财富，它也可以表达行为乃至思想。从现实应用角度来看，"数字化基础设施"的加速构建，带动了数字科技应用"百花齐放"，数字技术创新异彩纷呈，促进了数字产业的潮起潮落，而这些背后呈现的数字文化生态异军突起的巨大张力，又真切地改造了我们的生存与生活。数字时代的到来，展现了"数字科技""数字经济""数字文化"的无穷魅力，人类不折不扣地正在迈向"数字文明"。

然而，我们仍然需要意识到：数字本身没有任何情感，0与1能够表达情感完全是人类将自身的经验用算法赋予数字以规则。这意味着尽管数字能够对人类的感情与思想进行适当的表征，但是数字本身并不是创造者，它也代替不了人类的最深厚的情感与心灵。因此，当数字文明已成为一种新时代的号角，我们更应该为科学技术的无限繁荣给予某种来自人类情感与心灵的砝码。我想，这个砝码，需要社会科学的精神与力量。

非常欣喜地看到以清华大学社会科学学院经济学研究所老师们为核心力量编写的《数据要素前沿九讲》这本学术著作的出版。我想，在面向数字文明的征程中，《数据要素前沿九讲》虽然不是该领域的开山之作，但必然是精品之作。我的信心主要来自四个方面。

第一个信心来自百年清华丰厚的学术沉淀。清华大学社会科学学院经济学研究所虽然正式成立只有 30 年，但清华大学的经济学研究与教学确有百年的历史。1911 年建校之初，清华大学即开设多门经济学课程，1926 年的国立清华大学就有经济学系。一大批学术造诣深厚、社会影响广泛的杰出学者和社会活动家曾在清华大学的经济学系执教或学习过，以陈岱孙、王亚南、刘大中、戴世光等为代表的经济学大师，不但引领科学研究风气之先，而且学以致用，成为中国现代政治、经济和社会建设的一代英才。1952年全国高等教育院系调整，清华大学经济学有关的师生并入其他院校或学术机构，但政治经济学教研室等机构一直在育人工作中发挥作用。20世纪80年代之后，清华大学逐步向综合性大学方向发展，相继复建社会科学学科。1984年，清华大学成立社会科学系，其核心就是原来的政治经济学教研室；1993年12月，经济学研究所正式成立。30年来，研究所的各位同仁秉承"中西融会、古今贯通、文理渗透、综合创新"的学术传统，倡导运用现代科学的思想和方法探讨中国政治、经济、社会诸现象，勇担"扎根中国大地，创建社会科学的清华学派"的历史使命，突出"科学方法""交叉创新""中国话语"三个鲜明特色；永葆社会情怀，长续科学精神，为我们社科学院的发展作出了卓越的贡献。

第二个信心来自国家对数字战略的重视。不久前公布的《中共中央　国务院关于构建数据基础制度更好发挥数据要素作用的意见》（简称"数据二十条"）就是我国做强做优做大数字经济、增强后疫情时代经济发展的新动能的纲领性政策文件。值得骄傲的是，我们经济所的几位老师都参加了这一纲领性文件的讨论、撰写和宣传工作。这反映了我们的老师们为国为民的社会情怀，也是我们清华大学经济所在这一领域的学术领军地位的体现。而《数据要素前沿九讲》一书的出版更是为我们中国未来数字经济的发展提供了学术的指导。

第三个信心来自清华大学社科学院对创新学术一以贯之地坚守与支持。"数字时代的社会科学"被视为社科学院未来重点关注的重大学术前沿领域之一。我们相信，数字社会必将现实社会的生产和生活关系虚拟化，也必将虚拟化的生产与生活关系现实化。人们通过虚拟世界的介入，将个体价值呈现方式变得更多元、更广泛、更隐密、更具偶发性与不确定性，这种变化将重新定义人的社会权力属性、社会交往属性与社会活动属性，并由此形成存在于现实社会与虚拟社会两种社会形态交互中的更加复杂的新的社会阶层划分、社会财富分配、社会权责发生与社会人格呈现。这其中的问题需要我们社会科学家去探索。

第四个信心来自当代社会转型的必然性。数字社会与现实社会并不是一分为二的。数字社会的本质是现实社会生活价值体系的重构、个体与组织社会角色的重新发现与民族文化心理结构的再造。几年前，我们经由对谷歌（Google）公司存贮在云端的人类自公元 0 年到公元 2000 年全部 9 种语言的大数据分析发现，无论哪一种人类历史，贸易与科技、善意与合作、自由与民主都是推动社会进步的根本力量。善始于心，而行则大同，这其中的诸多规律也需要我们社会科学家去积极探索。

正如书名所言,《数据要素前沿九讲》特别关注数字文明中的前沿问题。例如数字鸿沟的社会效应、算法的社会价值等。就数字鸿沟来看,由于不同国家之间、地区之间、群体之前的社会分化所造成数据资源分配和利益的分化的不均衡,除了对数字资源本身的配置产生影响,更重要的一点是数字鸿沟会加剧社会的不平等,成为新的社会分化的基础,甚至有可能成为全球国家、区域与民族之间冲突的根源之一。因此,对任何国家来说,数字鸿沟都不仅仅是一个技术问题,而是一个重大的社会和国家安全的问题。而对于个体来说,在客观存在的数字鸿沟中发现意义的关键在于我们如何理解并践行公正与公平。这其中的大同理念与共同富裕理想仍然需要我们社会科学家去提供智慧。

再如,数据算法的作用不可低估,它不仅直接影响数据的价值,也反映一个数据社会的价值观。怎样保证好算法的巨大力量不被滥用?这里我也借这本书的序言,提出三个我理解的重要守则。

第一个守则,算法应该合乎法规和道德。之前在一些科技公司中流行一种说法叫"不作恶"。那"不作恶"应该如何界定呢?让技术不作恶,只考虑市场和利益是不够的。而合乎法律,只是技术实践中最基本的守则,是及格线。高分线是什么呢?技术也要符合人类的道德良知。人类有些良知,无法用法律道德来解释清楚。让人觉得别扭不舒服的技术,即使法律上并无禁止，推行可能也是有问题的。

第二个守则，算法应该赋能于人。不作恶只是基础，真的向善就要赋能他人，尤其是弱势群体，让他们通过算法获得信息、作出自己的决策。

第三个守则，算法应该让人幸福。科技应该让人更聪明、快乐、满足，有意义感。换而言之，不只是为了经济的利益而限制人和社会的进步与发展。一个人如何让自己在数字世界里的生活更有意义？今天，心理学家倾向将意义感描述为"升华的人性感"（Ventromedial Cortex），这是人有别于动物最重要的独特机能。这种机能的体现离不开幸福的感受、积极的活力、强烈的好奇心与创造力、丰沛的情感与同理心、超然的审美感悟以及理性的逻辑与判断等。因此，让自己在数字生活中更富有意义十分重要！所以，我建议这些公司把"不作恶"改成"致良知"。

中国是全球最为活跃和最具潜力的数字经济体与社会文化体之一。"数据二十条"的发表，不仅吹响了发展数字经济、促进数字经济和实体经济的深度融合、打造具有国际竞争力的数字产业集群的号角，也为我们中国的社会科学家参与这个大时代的革命与创新，创造真正有益于国家和社会的大学问，提供了一个伟大的平台和难得的机遇。我们有幸成为这个大时代的参与者与见证者，我们也有责任为这个大时代贡献微薄的力量。

最后，希望《数据要素前沿九讲》能够将清华大学社科人的百年家国抱负与天下情怀传递给大家，把社会科学构建数字文明时代的责任与意义，凝结成有温度的智慧与有秩序的同理贡献给社会。祝贺《数据要素前沿九讲》的顺利出版！

彭 凯 平

清华大学社会科学学院院长

序　言

数字经济发展坚持实践先行

在清华大学社会科学学院经济学研究所成立 30 周年之际，召开了"数据要素与我国数字经济发展——聚焦'数据二十条'"学术研讨会。这是一个重要的学术研讨会，会上所发表的演讲和论文质量非常高，都是经济所各位同仁近期的重要研究成果，现结集出版，感谢人民出版社的鼎力支持，也在此对经济所各位参与工作的同仁表示热烈祝贺！

以下提出两个观点，抛砖引玉，以文会友，期望引发读者进一步的思考。

我认为，我国数字经济的发展需要澄清两个基础性原则。第一个原则是实践先行，而不是依赖顶层设计，即在实践中不断完善数字经济的发展，让实践先行一步，让法律法规随着时间的发展逐步总结、完善。第二个原则是应该设立一个专门负责数字经济发展的政府机构，这是基于政府与市场经济学研究提出的基本原则。

为什么需要提出实践先行的原则呢？过去十几年强调的比

较多的是顶层设计，尤其是在数字经济这个领域里，大家都在讲要顶层设计，都在说要把基础的架构打好。但是，顶层设计的概念是计算机科学、管理信息系统等学科提出来的。对于数字经济发展来说，这个逻辑不一定完全适合。因为数字经济本质上是一个极为复杂的经济社会系统，而不仅仅是一个工程或技术系统。一个复杂的经济社会系统是不可能通过顶层设计创造出来的。

进一步论述，数字经济的发展是一个极其复杂的经济社会系统，远远超出一个技术系统，它涉及上亿人甚至几十亿人的实践。在处理这种经济社会系统问题时，顶层设计的原则并不适用，因为再好的设计也无法预见未来极其复杂的变化。因此，必须实践先行，并在此基础上不断总结、纠错、完善。我认为所有的社会问题，无论是经济改革还是数字经济发展，都必须以实践为先导。这意味着我们必须不断地完善和总结经验，而不能仅仅依赖于顶层设计。再有智慧的领导或专家也不可能在不断变化的现实环境中设计出符合未来发展的制度。因此，数字经济要强调实践先行的原则。这个原则必须辅之以另一个条件，即必须有一个对抗性的体制，这是法律人的术语。所谓对抗性体制，就是让利益各方向专业决策部门递交他们的利益诉求，通过利益的博弈来匡正制度设计的偏差。

第二个原则是设立一个专门负责数字经济发展的政府机构，目的是促进数字经济的发展。为什么？第一，现代市场经济中政府已经成为一个重要的参与者，其总支出占 GDP 的比重在大部分国家都超过了 30%，有些国家甚至达到了 40% 或 50%。这意味着政府在经济利益的分配中起着至关重要的作用。无论是什么样的经济体制，政府都在控制一些重要资源的分配，比如土地使用权、航空空域、无线电频道、污染权力等等。现代市场经济和马克思恩格斯时代所观察到的工业革命初期市场经济的根本区别就在于此。那个时代，马克思认为政府无非是资产阶级的一个委员会，政府的作用是非常少的。第二，基于以上事实，数字经济发展无论如何不可能脱离政府的作用，问题在于如何合理地设计政府机构从而促进数字经济的发展。举例说来，市场监管部门一定会介入互联网平台的监管。但是，互联网平台和一般市场发展的规律是不同的，用一般市场发展的规律来监管互联网平台往往会阻碍互联网平台的发展。第三，根据以上两条分析，如果数字经济想要发展，必须设立一个以发展数字经济为使命的独立的政府机构。它的任务是处理数字经济发展过程中出现的与现有市场主体包括其他政府机构的冲突。该政府机构相当于数字经济的推动者，是各个政府机构中数字经济的代言者。

有人会问，设立这样一个机构是否反而会阻碍数字经济的发展？这是一个非常好的问题，答案取决于这个政府机构的定位和激励。这个机构的定位就是促进数字经济发展，对它的激励机制就是其业绩必须与数字经济所产生的社会经济收益挂钩。只要定位正确、激励合理，这个机构就可以成为推动数字经济发展的推动者，它就会抗衡许多陈旧的法规和其他部门的阻碍作用，它就会成为数字经济发展的倡导者和推动者。

总结来说，"数据二十条"具有里程碑意义，为了推动其落地，必须坚持两个数字经济发展宪法级别的原则。第一是实践先行，而不是依赖顶层设计；第二是必须设立一个专门负责数字经济发展的政府机构，而不是把数字经济留给现有的其他政府部门多头监管，这是基于政府与市场经济学研究提出的基本原则。

李 稻 葵

清 华 大 学 经 济 学 研 究 所 教 授

清华大学中国经济思想与实践研究院院长

第一讲

数据要素的产权形态

主讲人：龙登高

　　龙登高，清华大学华商研究中心主任，社会科学学院教授。第十八届孙冶方经济科学奖获得者。兼国务院侨办专家咨询委员，中国经社理事会理事，中国华侨历史学会副会长，中国商业史学会副会长，中国社会科学院经济研究所学术委员会委员。主要从事中国经济史、企业史、制度变迁、国际华商等领域的研究。

（扫码观看讲座视频）

数据作为一种新型生产要素，逐步融入实体经济，催生出数字经济，其重要性与日俱增。中国的数据产量多，但数据交易市场规模小，数据有效供给不足、质量不高，数据要素市场化程度有待提高。

明晰合理的产权界定是数据要素市场构建的前提，也是数据要素市场化配置的保障。作为新型生产要素，数据与土地、资本、劳动等传统生产要素有差异，现有产权理论和产权制度在解释数据产权问题上存在一定困境。例如，数据要素的非竞争性使得科斯定理难以直接用于数据要素市场的解释；数据要素的衍生性引致数据产权主体的多元性，使得单一产权两分法不适用于数据要素的产权界定；数据要素的虚拟性是法学既有概念难以解释数据确权的关键原因之一。有别于物权和知识产权，数据产权是一种新的权属形态。

"数据二十条"提出建立保障权益、合规使用的数据产权制度。创新产权观念，淡化所有权，强化使用权，同时以财产性收益权利增强数据产品的供给激励。数据产权问题本质上是"数据安全"与"数据流通"的权衡，许多研究基于对两者重要性的差异性倾向，聚焦"所有权"或"使用权"各执一词。专属性所有权为数据所有者提供了强隐私保护，但过度保护很可能造成数据利用不足与社会福利损失。而且所有权（Owner-ship）的唯一性也与数据要素的主体多元性特征相冲突。部分观点认为"数据使用权交易"优于"数据所有权交易"，能更广泛、更充分地释放数据功能。但需要进一步考虑的是，使用权的激励作用足够吗？使用权主体不能拥有财产权利，这意味着在未来收益变现方面的激励不足。

我们基于对传统社会地权交易的长期研究发现，土地的非所有者也可以拥有财产性权利。例如，佃农投资于土地垦种，提高土地肥力和经济价值，获得"田面权"；土地所有者可以将土地出典给其他人，承典人获得土地的"典权"。从权利性质来看，"田面权"和"典权"都是非所有者拥有的财产性权利。从权利内容来看，这两类权利较使用权有拓展，与所有权不相冲突，处于产权光谱的所有权与使用权之间。从权利载体来看，土地本身不可移转，但土地权利可以超越时空限制，地权交易中的"田面权"与"典权"事实上也是不依赖于实物载体而存在的权利。此外，在对传统中国地权交易的研究中，我们发现大量"转佃"、"转典"或买卖"田面权"的交易形式，这说明与所有权的唯一性不同，"田面权"和"典权"都可以分解为多个权利，分属多个主体。我们从传统社会地权交易的实践中提炼出"占有权"概念，"田面权"和"典权"都属于占有权；并系统阐述了独立于所有权与使用权之间的土地占有权，初步形成占有权理论。

土地是农业社会的生产基础，数据是数字时代最关键的生产要素，其产权理论的探讨一脉相承。我将基于占有权理论对数据要素的产权问题展开探讨，以期贯通式考察要素产权理论，并为数据要素确权与市场化发展提供理论支撑。

一、数据要素分类确权

"数据二十条"指出，"加强数据要素供给激励"，数据要素供给激励的根基在于产权。对数据开发商来说，要激励他们开发数据；对数据所有者来说，要激励他们愿意分享数据。但在这个过程中，如果只允许数据开发商使用数据而不能拥有数据财产权，那么他们的拓展空间就非常有限，而产权激励也会疲软无力。因此，有学者提出了"弱所有权、强使用权"之说，这并不是弱化所有权的确认或保护，而是强调增强使用权，也正是我要论述的使用权的扩权赋能。

在数据产权问题上，一直存在所有权与使用权之争。数据确权以所有权为基础还是以使用权为中心？数据要素在使用权和所有权之外是否还存在其他产权形态？数据产权归属于哪个主体？数据要素的收益如何分配？事实上，数据所有权的权利是相对较弱的。对于自然人来说，他们的身高、年龄等数据是潜在的，并没有什么直接的收益，就像荒地一样。原始数据的价值往往很低，需要数据使用者通过采集、加工和分析，将对客观事物数字化记录的"数据"转化为"数据要素"，才能赋能经济活动、为参与主体带来经济效益。而部分自然数据包含个体信息，与原始数据所有者难以完全分离。对于自然人和法人来说，最大的希望就是保护数据的安全性和隐私权，以及获得一定的权利。Cloudwards 发布的《2022 年数据隐私统计、事实与趋势》（*Data Privacy Statistics*，*Facts & Trends of* 2022）显示，93%的受访美国人认为能够控制谁可以访问他们的个人数据很重要。Facebook 非法利用用户个人数据牟利、携程大数据"杀熟"事件、赵德馨教授诉中国知网侵权等一系列典型案例也说明了这一问题。

在处理数据所有者和使用者之间的关系方面，"数据二十条"提出了一些解决方针，其中包括"合理降低市场主体获取数据的门槛，增强数据要素共享性、普惠性"。对于数据开发商而言，应该扩权赋能，给予他们更强的权能。然而，现有的法学或经济学解释并不足够，因此一些学者提出了"让子弹飞一会儿"，先在实践中探索乃至试错，然后再完善政策与理论的观点。

产权经济学认为，只有通过明晰产权才能降低交易成本、提高经济效率。无论对于数据开发者还是所有者，产权都是最基本的供给激励。这要求数据确权既要承认原始数据所有者的所有权，使其能够通过让渡权利获益；同时对数据开发者的产权激励也不能止于使用权，使其有动力高效率开发数据。

数据要素的主体多元、权利多样、场景多变，对数据产权理论的探索提出更多挑战。因此，我们基于数据来源和生成方式将数据分为"自然数据"、"商业数据"和"公共数据"三类。

"自然数据"是指易识别或可识别的数据主体（包括自然人和法人）相关的数据，特别强调所有者的权利与隐私权的保护，但数据开发商仅拥有使用权是不够的。在自然数据中，数据开发商可以通过开发增值扩权赋能，进一步获得使用权之外的相应权利。

"公共数据"是指在公共管理与公共服务过程中产生的数据，通常由国家或政府机构持有，强调公共安全和国有数据产权。在公共数据中，数据开发商获得使用权是相对安全的，但对不涉及国防、公共安全等保密信息的公共数据，数据开发商能否进一步扩权赋能还需进一步探讨。

中国的公共数据开放水平距离国际水平尚存在一定差距。Data. gov 数据显示，中国公共数据开放程度在受调查的 77 个国家和地区中位列第 61。《数字经济报告 2023》提及，当前政务数据平台所归集的数据中，内容完整的比例仅占 16%，近 85% 的数据完整性不高，公共数据的质量有待提高。研究主体和市场主体获得公共数据的门槛高，使得这些数据难以被开发并进入市场，研究者无法提供客观判断，市场难以为消费者提供更好的数据服务。经济合作与发展组织（OECD）国家数据开放政策效应的估计结果显示，公共数据开放产生的收益大约为一国 GDP 的 0.1%—1.5%，未来中国公共数据领域有望成为数据要素市场的蓝海。

在中美欧国际视野下比较这两类数据可以发现：对于"自然数据"来说，欧洲的保护最为严格，而中国的保护最为薄弱，美国的保护强度居于两者之间。在中国，刷脸、个人信息泄露等问题时常引发关注。而在欧洲，由于保护强度高，自然数据开发相对滞后，数字经济发展受到一定抑制。欧盟出台史上最严格的数据管理法规《通用数据保护条例》（GDPR），限制企业对于个人用户数据的使用权，有碍欧盟世界级数据平台的发育发展。对于"公共数据"来说，中国的保护最为严格，美国的开放程度最高，欧洲居于两者之间。在中国，对公共数据的过度保护，一定程度上阻碍了数据开发与数据服务的完善。

"商业数据"是企业、机构等数据开发商在前期采集、存储大量可进行商业利用的数据的基础上，经过匿名化处理与分析，产生的可商业利用的新数据。这些开发商抓取、整理、创造的一手数据集，通常以大数据方式集成，虽然也有一定公共性，但与个体数据所有权无关。它是由开发商在民间广泛抓取的数据空间中开发出来的，因此与政府的公共数据也无关。数据开发商在处理原始数据过程中投入时间成本与资金成本，创造了数据要素的价值增量，生产出的商业数据理应归属于企业所有。如果我们把这类数据比作无主荒地，那么所有权的确定原则就是先占为主。商业数据的所有权归属于数据开发商，这既能增强数据要素供给的产权激励；也有利于弱化数据产品交易过程中可能出现的权属不清的问题，促进数据要素的流通与交易。

"数据二十条"提出："对各类市场主体在生产经营活动中采集加工的不涉及个人信息和公共利益的数据，市场主体享有依法依规持有、使用、获取收益的权益，保障其投入的劳动和其他要素贡献获得合理回报，加强数据要素供给激励。"尽管其中没有明确所有权还是使用权的问题，但明确了加强数据供给激励的方向。接下来，我们将着重讨论自然数据的产权问题。

二、自然数据的产权形态

数据开发商采集、整理、分析海量自然数据（包括个人数据与企业数据），与农民租佃土地开垦种植、投资经营获取"田面权"的逻辑非常相似。农民租佃土地投资经营，可以享受土地的增值收益。在开发土地的过程中农民拥有的土地权利由"使用权（耕作权）"拓展到"长期、永久使用权（永佃权）"，再到"田面权"。产权不仅划定权利主体运用要素的边界，也表征其参与要素收益分配的权利。某一要素权利具有财产权属性后，意味着可以稳定获取要素的多期收益，并且可以在时间维度上跨期调剂、灵活配置。"田面权"作为一种财产性权利，比使用权的内涵外延更广阔，其产权激励作用也更强。

"数据二十条"同样也涉及这个议题："建立健全基于法律规定或合同约定流转数据相关财产性权益的机制"。我认为，财产性权益是数据产权理论发展的核心。财产性权益的关键在于它能够将未来收益变现，例如当数据开发商或数据所有者不再经营时，他可以将这些投入大量资金开发出的数据和数据库转卖给其他人，将投资变现，也可以将这些数据和数据库的未来收益进行转移和转让。

我们希望数据要素的开发者也能获取财产权利以增强开发激励，但对于自然数据来说，最大的问题是数据开发商不是所有者，能否获得财产权利。一般情况下，只有所有者才能获得财产权利，使用者是不可能获得这种财产性权利的，那么其他种类产权的拥有者呢？地权交易中的"田面权"和"典权"都是非土地所有者获得的财产权利，田面权主和承典人都可以在使用权外，拥有对土地要素抵押、担保等权利，不仅可以获取要素的当期收益，还可以将未来收益变现，从而增强产权激励，这些都是使用权所不具备的。土地要素的产权形态中可以存在非所有者拥有的财产权利，而数据的竞争性与排他性比土地弱得多，将非所有者的财产权利概念迁移到数据要素的产权问题上也是符合逻辑的。"数据二十条"虽未明确非数据所有者的财产权利，但"建立健全基于法律规定或合同约定流转数据相关财产性权益的机制"保留了财产性权利主体从所有者向非所有者拓展的可能。因此，财产性数据要素权利能够推动数据开发与持续发展，给予开发商更强的激励。

有些观点认为赋予自然数据开发商使用权就够了，但实际上远远不够。因为使用权不具备抵押贷款、典当、担保等权能，也无法在未来的收益变现过程中提供足够的激励。简单举例来看，20余年前我们的住房只有使用权，而没有房产证，不是所有权，也不能算作个人财产。所以，财产性权利是非常重要的。基于此，在所有权与使用权之间，我们需要有一种新的产权形态。实际上，这并不是一个横空出世的产权，只是不同学者基于不同研究背景和研究主体提出了不同的定义。我们在传统中国地权交易的论文中对此进行了系统探讨，提出"土地占有权"的概念。①

占有权有三个典型特征：其一，占有权是非所有者的财产权利；其二，占有权在所有权与使用权之间，它们可以彼此分离、相互独立；其三，占有权是经济产权的概念，可以脱离实物载体对特定要素财产权利进行占有。实际上这一问题在

---

① 有关"土地占有权"的概念及实现形式等，详见龙登高、陈月圆、李一苇：《在所有权与使用权之间：土地占有权及其实现》，《经济学（季刊）》2022年第6期。

"数据二十条"中也有涉及，只是没有明确提到。"数据二十条"将数据产权细分为"持有权、经营权和使用权"，提出"建立数据资源持有权、数据加工使用权、数据产品经营权等分置的产权运行机制，推进非公数据按市场化方式'共同使用、共享收益'的新模式"。这一观点的提出，实际上是避免自然数据原始所有权制约数据要素市场化过程。"数据二十条"用数据资源的持有、使用取代了传统物权的处分，使得市场主体可以充分挖掘数据价值，不必受限于原始数据所有者。"持有权"是一个相对具体的功能，具有自主管控权益。而我们强调自然数据开发商在使用权之外应进一步明确拥有财产性权利，这种财产性权利是权利主体可以更加灵活地经营和运用生产要素，侧重于经济产权中对于人与人关系的界定。

三、自然数据产权分层与交易形式的多样化

数据要素的衍生性引致了数据主体的多元性，以所有权为核心构建的传统生产要素确权体系不太适用于数据要素。原始自然数据的价值非常低，需要数据开发商采集、加工和分析形成有价值的数据产品。可以将数据产权细分建构为多层次的数据产权体系，不同层次的产权对应差异化的经济内容和丰富多样的交易形式。

我认为数据要素权利分层后的产权形态至少可以分为三大

方面：所有权、使用权和居于两种之间的光谱地带。交易实践中事实上存在比使用权内涵外延更广，但又未达所有权，或不唯一的产权形态。它们归属于使用权还是所有权的问题时常引发学界争论，我们将之归为在所有权与使用权之间，与之独立、界限清晰的光谱地带，在地权问题中定义为"土地占有权"，在数据要素产权问题中可拓展为"数据占有权"。数据要素使用权的交易形式主要表现为租赁，所有权的交易形式主要表现为买卖，而光谱地带占有权的交易形式则包括租赁以及其他形式。如果数据开发商仅获得使用权，那么数据的交易形式就非常单一，不外乎租赁。而占有权的交易形式更加多样化和体系化，不仅包括租赁，还包括抵押、担保、典当等其他交易方式，以及其他要素和功能。

在"数据二十条"中，也提出了未来数据要素市场交易体系多层次和多样化发展的展望，以符合数据要素特性的需求。同时，支撑数据要素权利多层次交易的定价模式和价格形成机制也需要更加多元和灵活。数据产权不仅是权利归属人运用要素的依据，也是参与要素报酬分配的重要参考。就自然数据而言，由于部分信息（例如个体的生日、身高等信息）事实上难以与原始所有者完全剥离，数据开发商的权利上升到所有权是很困难的，但从使用权向占有权的拓展已然可以增强开发商的供给激励。"数据二十条"提出"构建多层次市场交易体系"，"支持探索多样化、符合数据要素特征的定价模式和价格形成机制"，这也为数据要素权利分层次进入市场，依据权利的经济内容与供需状况在市场中形成价格奠定了制度基础。

根据权能越大价值越高的定价原则，数据要素完整所有权交割的价格最高，而使用权交易的价格最低，当然这里还未涉及跨期调剂。在对传统地权市场的研究实践中，我们发现占有权主获得了使用权之外的财产性权利，产权激励更强，更有动机投资于土地要素增值活动，使得土地的经济价值大幅增加，增值部分远超原始土地价值。以上海道契市场的发展为例，原始土地所有权的价值占比低，而土地开发增值部分的占比更高，甚至随着开发时间的延长，开发增值部分的比重越来越高，开发商投资所获得的收益远超商品的初始价格。[①] 需要说明的是，道契案例中的"所有权"指的是产权分解后权利光谱上的所有权部分，仅表征原始土地要素归属。产权分解后，所有者的权利行使受到某种限制，因为土地开发增值扩权赋能的部分归属于租地开发者。这种"所有权"强调对产权载体归属的确认，而非完整的权利。

---

① 有关上海道契市场的地权交易与发展，详见李一苇、龙登高：《近代上海道契土地产权属性研究》，《历史研究》2021 年第 5 期。

四、自然数据产权形态的形成与拓展

（一）自然数据产权形态的形成

产权是一个动态的过程，是在利用和开发中不断扩展和分解的，即在开发中扩权赋能。前述分析中，我们主张以介于要素所有权和使用权之间的光谱地带"占有权"为抓手，分析自然数据的产权形态。这一部分我们将具体探讨占有权的形成路径：其一为扩权赋能，即使用权的拓展；其二为权利让渡，即自然数据所有者转让不同层次的数据权利。

佃农垦殖无主或无用的荒地，投资水利设施，增强土壤肥力，土地的价值增加，佃农的权利由耕种土地的使用权拓展到"田面权"，即占有权。个体原始数据就像未经开发的荒地一样，经济价值与相应权益较低，也没有足够的产出用于分享，最初的所有权利益很小。与佃农投资开垦荒地，由土地要素增值扩权赋能获取更多权能的逻辑一致，经过开发商的开发，数据的收益逐渐扩大，权利也逐渐扩大，使用权就被分解出来，并与所有者分享权利和收益。随着使用权的进一步扩大，要素权利得到增强，具有了财产权属性。此时，收益与权利可由参与要素增值活动的多方主体分享。因此，这是一个动态的过程，而不是期初就确定下来的。这样就实现了从要素投入到数据收益的转变，数据要素收益的体现就是数据权利和数据产权。"谁投入与开发，谁获得要素权利"是一个自然准则，"数据二十条"中也同样提到了按照"谁投入，谁贡献，谁受益"的原则，有利于保障各参与主体的投入产出收益。当生产要素作为独立主体获取远期回报时，能够以数据权利或产权的形式保障收益的稳定性。制度、政策与产权的稳定性非常重要，如果不稳定，就很可能挫伤生产要素所有者的信心与积极性。赋予数据开发商使用权之外的财产性权能，使其能够凭借数据产权获得金融机构融资，将增强企业的抗风险能力。深圳市发展和改革委员会于 2023 年 6 月 29 日公布《深圳市数据产权登记管理暂行办法》，其中明确数据产权登记六大类型，将探索数据要素登记应用于企业数据资产确认、融资抵押等。

另外一种方式是直接购买，即所有者让渡不同层次的权利。典权便是一种介于土地使用权与所有权之间光谱地带的产权形态，即所有者出让部分要素权利获得相应收益，在约定期限内获得回报，而在约定期后可以赎回。对于数据开发者而言，他们可以将数据或数据库转让给其他人，让他们成为承典人。承典人获得抵押、担保和转让等权利，也可以转典。"典"这种地权交易形式在中国已经存在了 1000 余年，可以为数据资源开发与数据要素确权问题提供思路借鉴。将"典权"引入数据要素的产权问题，有助于给予自然数据的原始所有者多样化的选择。若数据要素的产权形态仅局限于所有权与使用权，那么自然数据的原始所有者（自然人或法人）只能选择要么卖出数据，让渡要素所有权；要么选择租出数据，让渡要素使用权。而典当"数据典权"对应的交易方式，与不同自然人或法人的需求相适应。自然数据所有者可以根据自身当期情况以及对未来的预期，灵活调节出让数据要素的权能大小与出让期限（近似于"典期"）。对于自然数据所有者而言，让渡完整的所有权很可能引发其隐私权的担忧，而保留所有权凭证仅出让典权的方式则可以更好地处理数据安全的问题，在到期后数据所有者仍可以收回完整的数据权利。而相较于出让使用权，让渡典权有利于增加数据所有者要素资源变现后的经济报酬，毕竟典权的权能较使用权更丰富，其交易价值也更高。多层次的权利让渡选择，增强了自然数据所有者进入数据要素市场，供给原始数据的积极性。数据开发商以较高的价格购买典权也将获得更丰富的权能，以及更强的产权激励。因为这些数据开发商对原始数据进行采集、整合、分析生成数据产品后，还可以"转典"，即在典期内将增值的数据权利出让给另一市场主体，获取开发增值的流通收益。

（二）自然数据产权的衍生与拓展

与以往围绕所有权探讨数据产权问题不同，我们以数据要素占有权作为产权问题的分析中心，增强了要素产权的解释力和拓展性。所有权（Ownership）是唯一的，生产要素归属的不唯一和模糊性很可能导致新的纠纷与要素流通交易的低效率。而占有权可以衍生拓展，随着要素增值不断拓展，并为多个主体拥有，占有权可以多个并存，不相冲突。这种性质在传统地权交易实践中已有突出表现，"转典"、"包佃"或"田面权"交易都是土地占有权由一到多的分解过程。

相较于土地，数据要素的产权形态及其交易具有一定特殊性。首先，数据要素具有非竞争性和部分非排他性，能够以较低的成本实现多方共享，且多个共享主体之间不会相互妨害。土地权利可以实现多层次分解，但土地的耕作是强排他的，很难实现多个主体同时在较小的土地上耕种，收益分享也有限制。其次，数据要素共享不仅不会导致要素报酬边际递减，还可能呈现边际递增，即数据的共享主体越多，越能在开发中创造价值。而土地要素主体的增加则可能导致要素报酬的边际递减，即分享方过多时，每一方所获收益会降低，但数据要素不会面临这个问题。最后，数据要素产业链长，经济带动性强。加拿大国家统计局于 2019 年提出"数据价值链"（Data Value Chain）的概念，强调通过测度与核算生产过程中使用到的数据、数据库和数据科学的经济价值来推算数据相关投资的经济价值。可见数据开发产生的价值不仅体现在数据本身，还作用于数据库、数据科学发展，以及赋能传统产业转型和效率提升。根据国家工业信息安全发展研究中心的数据，2021 年中国数据要素市场规模达 815 亿元，预计 2025 年数据要素市场规模将增至 1749 亿元。从数据要素产业链的细分环节看，

2021 年数据要素生产环节的数据采集、数据存储、数据加工市场规模分别达到 45 亿元、180 亿元和 160 亿元，数据流通和数据分析环节的数据交易、数据分析、数据服务市场规模分别达到 120 亿元、175 亿元和 85 亿元。

五、结论与启示

"数据二十条"指出，要探索建立数据产权制度，制度设计的核心是"数据分类分级确权"和"产权分置运行机制"。我们将传统社会地权交易实践与当代数据要素产权问题相结合，将传统中国地权交易特有的"田面权"和"典权"思想应用于数据要素产权形态的分析。无论是"田面权"还是"典权"，都是介于土地要素使用权与所有权之间的产权形态，可称为占有权。相较于使用权，占有权具有财产性权利属性，可以独立地进行转让、抵押、典当、担保等交易。与所有权的唯一性和强排他性不同，占有权可以分解为多个权利由不同主体获取，具有较强的拓展性与衍生性。此外，土地本身不可位移，但土地权利不受时空限制，"田面权"和"典权"都可以脱离实物载体而存在，将之迁移到数据要素的产权解释可以规避法学物权对客体要求的争议。我们从经济史研究中汲取地权交易的经验与思想，以要素所有权与使用权之间的产权形态为抓手思考数据产权制度构建的问题，有利于破解当前数据确权困境以及数据要素市场化进程中的障碍。

此外，数据要素是数字经济的核心，而数字经济的突出优势是平台化。平台企业具有自然扩张性，但是我们知道，在技术更新换代十分迅速的数字化时代，在自由竞争的前提下，自然扩张与垄断受到极强的约束。在法律合规监管之下，不必过于担忧平台企业扩张会导致垄断等问题。更重要的是，数字经济时代资源的跨境跨界流通速度非常快，面临的国际竞争也非常激烈。2018 年，全球科技公司市值排行榜前 20 名，中国企业占据 9 个席位，美国企业占据 11 个席位，中国科技企业的发展势头非常好。但 2021 年统计结果显示，前 20 名中，美国企业有 15 家，而中国仅剩腾讯和阿里巴巴两家企业。大多数科技公司其实都是平台企业和数字经济企业，对资本扩张的严格规制很可能会使平台企业丧失抢占国际市场的机会。2023 年政府工作报告中提出"促进平台经济健康持续发展，发挥其带动就业创业、拓展消费市场、创新生产模式等作用"，这也是继 2022 年底中央经济工作会议之后，政府再次强调平台企业和数字经济发展。

第二讲

数据产权：从两权分离到三权分置

主讲人：申卫星

申卫星，清华大学法学院教授、博士生导师。国务院政府特殊津贴专家，万人计划哲学社会科学领军人才，中宣部"四个一批"人才。第七届"全国十大杰出青年法学家"，"首都教育先锋"，"北京市教学名师"。美国哈佛大学富布莱特访问学者，德国洪堡学者。出版《民法基本范畴研究》《期待权基本理论研究》《物权法原理》等专著和教材9部。

（扫码观看讲座视频）

一、从土地三权分置到数据三权分置

在中国古代，土地可以分为田皮和田骨。纵观中国财产权改革的历史，1949年新中国成立后，我们进行了社会主义改造，实行了土地公有制。不论是城市的土地还是农村或郊区的土地，采取的都是国家所有或村集体所有的绝对化所有权。但是土地公有制实现之后，一个最大的问题就是土地无法流转，使得作为"财富之母"的土地无法发挥其价值，因为土地只有在流转中才能够增值，大家只能望土地而兴叹。在土地所有权主体不允许变更的情况下，为了让土地发挥其增值功能，就采取了权利分割——两权分离的改革思路。

在改革初期，为了吸引港商投资内地，我们在深圳的蛇口开始对港商进行土地的批租。在农村，安徽凤阳小岗村实行了土地的联产承包，即在不破坏土地所有权的前提下，允许农民对土地享有承包经营权。这可以说是财产权体制改革肇始之际。由两权分离，形成了后来《物权法》乃至现在《民法典》物权编所确立的，国家拥有城市土地所有权，开发商可以通过支付国有土地使用权的出让费来获得建设用地使用权；农民可以通过支付承包费，在不影响村集体拥有所有权的情况下，享有土地承包经营权。这是第一个改革阶段，在保有所有权不变的情况下，实现所有权和使用权的两权分离。并在使用权的基础上构建了中国的物权法制度。这是人类改革史上的一项创举。

从两权分离到三权分置主要出现在农村。三权分置的改革过程也是政策先导的，连续几年中央一号文件都提及了如何推动农村土地财产权的流转。在农村，在尊重村集体土地所有权的基础上，赋予农民土地承包经营权，极大地解放了农村土地生产力，激发了农民的积极性。但是，农村土地承包经营权和农村宅基地使用权并不能充分转让，导致其财产权属性并不充分。也就是说，农村土地承包经营权只能在村集体内部流转，城镇职工不能购买农村土地承包经营权，除非是三荒土地。对于宅基地使用权，就是我们所说的小产权房，至今也没有允许进入市场。

为了推动农村土地的入市，中央政策提出了三权分置。三权分置意味着在村集体保有土地所有权的基础上，农民原有的土地承包经营权被一分为二。农民保有土地承包权，不会丧失对土地的支配性。城镇职工或任何人都可以去农村购买土地经营权。按照《民法典》规定，五年以上的土地经营权登记后具有了财产权的功能，可以自由流转和进入市场，最多不能超过土地承包经营权30年的期限。宅基地使用权的三权分置目前仍停留在政策层面，还没有转化为《民法典》的具体规定。我们可以通过五大生产要素中的第一个要素土地的产权改革思路来理解数据产权改革，特别是理解"数据二十条"提出的数据产权的三权分置。

二、"数据二十条"中的数据产权三权分置

"数据二十条"在数字经济发展的关键时期具有非常重要的引领价值。这个文件就是要解决在数据基础制度缺失的情况下，如何保障数字经济的健康有序发展。"数据二十条"在某种意义上是非常有创新性的，特别是其中提到的关于数据产权三权分置，能够破解数据确权等实际困难。

"数据二十条"分为六个部分，除了总体要求、保障措施之外，还有四个主体部分，分别是数据产权制度、流通和交易制度、收益分配制度和安全治理制度。这四个部分被称为数据基础制度的"四梁八柱"，其中，数据产权制度是基础中的基础。因为流通交易和收益分配都以产权清晰为前提，而安全治理也要尊重数据产权。因此，数据产权是这一文件起草中的最大亮点和难点。

"数据二十条"提出了数据产权的三权分置，分别是数据资源持有权、数据加工使用权和数据产品经营权。法学界对于数据制度如何构建，有两种不同的思路。一种是比较激进的，认为数据是一个完全不同于传统要素的新要素，具有独特性，因而传统的法律制度是完全无法容纳的，要创造一个新的权利。另一种是比较保守的，认为背离传统的法学概念提出一些

新的概念是不能够容纳的。但是，这两种观点都会阻碍数字经济的发展。

在法学上，财产权是一个基本的民事权利，必须采取财产权法定的原则，而且不能让地方政府来法定，因为涉及基本民事权利，应该由全国人大常委会通过法律来确定，地方立法是没有这个权限的。因此，尽管地方纷纷出台了各自的数据条例，先有深圳后有上海，都试图提出关于数据产权的制度构建，但最终都没能实现。

法律出台前可以让政策先行。"数据二十条"提出三权分置，是文件的一个亮点，也是值得称赞的。但是如何让这种三权分置的思路转化为现实的、可操作的法律权利，这是一个难点。

第一个权利是数据资源持有权。大家都知道非法购买枪支是犯罪，如果你只是持有枪支，并不代表你拥有枪支的所有权，但是仍然构成犯罪。实际上，刑法中要引入一个不同于所有的"持有"概念，以此来区别所有和持有。所以，对于数据资源而言，文件的起草者之所以不使用数据资源所有权，就是要以持有区别于所有。但是，在现行的民法里，确实没有使用过持有权的概念，只使用过占有权、所有权的概念。在这种情况下，如何让数据资源持有权落地仍有待实践检验。

第二个权利是数据加工使用权。法学界对此也有意见，认为在民法上从未规定过加工使用权。如果你拥有了原材料的所有权，无论是面粉还是木材，你都可以使用加工使用权将其加工成面包或者家具等产品。这是所有权的一种表现形式，而不是一种独立的权利，最多算是一项权能。如果要称之为权利，那就必须满足法律上权利的条件和标准。

第三个权利是数据产品经营权。数据产品经营权是指，由于这个产品是我的，我可以对其进行许可使用，甚至可以交易。同样地，这也是所有权的一个权能，是所有权的表现形式。当然，数据有很多所有权的表现形式，还应该有数据收益权。

有些批评的声音认为，数据的三权分置没有意义，因为民法中从未规定这些权利。我个人的基本立场是改良主义者，我认为，数据的三权分置是有意义的。在"数据二十条"已经通过的情况下，我们要做的工作是将政策性语言转化为法律语言，并发挥它从书面转化为实际运用的功能和意义。

从改良主义的基本立场上看，这次三权分置的提出是有一个背景的。这个背景就是，在数据分配中，围绕数据的采集、存储、传输、加工、分析和使用等多个环节，有许多数据参与者。但是在这么多的数据参与者中，无非是两种人，一种是数据的来源者，一种是数据的处理者。数据的来源者提供数据的来源和生成，没有他们的行为，这些数据就不会产生。比如我在淘宝上浏览或购买商品，这些行为就生成了相应的数据，那么我就是数据的来源者。对这些数据的存储、分析、加工和使用等处理工作，自然是由淘宝等数据处理者来进行的。因此，核心问题在于数据产权应该如何在来源者和处理者之间分配。

"数据二十条"中第七条的核心是要建立健全数据要素各参与方合法权益保护制度。一是要充分保护数据来源者的合法权益；二是要合理保护数据处理者对依法依规持有的数据进行自主管控的权益。这两句话构成了解读整个文件关于产权配置的逻辑起点，数据资源持有权和数据来源者的合法权益实现了两权分离。这和其他要素的两权分离路径是相同的。

三、数据产权的三权分置方案

数据产权制度的设计主要考虑以下几个问题。第一个问题，是否确权？法学界存在着一种观点，认为数据产权的确权是没有必要的。不仅没有必要，还可能会阻碍数字经济的发展。已有的产权治理制度、责任机制制度，反不正当竞争法、商业秘密法足以保护数据产权。但是"数据二十条"在是否确权的问题上明确指出，数据产权制度是数字经济发展的一个重要前提。不仅要确权授权，而且一定要明晰。唯有如此，才能鼓励对数据进行加工处理的企业的积极性。第二个问题，确权给谁？主要是数据的来源者和数据处理者。第三个问题，如何确权，确定为何种权利？"数据二十条"提出了数据产权的结构性的三权分置方案。

（一）数据产权制度的设计思路

当今数字经济发展的障碍之一就是不清楚交易对象是否拥有处分权。只有明确数据产权，才能破除数据供给的管理障碍；只有明确数据产权，才能保证数据的流通从无序走向有序；只有明确数据产权，才能使数据产权的初次、二次和三次收益分配具有理论前提；只有明确数据产权，才能完善数据治理体系。明晰的数据产权制度，能够促进数据向数据资源转化，提高数据的供给质量；激发数据市场主体活力，引导数据有效利用；明确数据产权保护规则，增强数据流通的信心；完善数据监督管理体制，规范数据市场秩序。解读"数据二十条"，我提出了"三三制"数据确权法。一是三权分置；二是不同阶段的三阶确权；三是个人数据、企业数据和公共数据三类数据的不同确权和授权机制。

数据产权客体：信息和数据的分离。"数据二十条"首先明确了信息和数据的分离，特别强调保护个人信息的权利。文件第六条指出"规范对个人信息的处理活动"，区别了个人信息和数据。信息能消除不确定性，当今社会能够发展的主要原因是信息的融合。信息和数据紧密相关，但不能混淆。就像当年劳动力成为商品一样，原因在于将劳动力与劳动者的人格权相区分。劳动力与劳动者本身分离了，劳动力可以商品化，但这不意味着会导致劳动者的人身自由和人格尊严受损失。与此相对应，要实现信息与数据的分离，在个人信息上设立人格权、个人数据上设立财产权。

数据产权主体：数据来源者和处理者分离。"数据二十条"第七条指出"充分保护数据来源者的合法权益"，"合理保护数据处理者对依法依规持有的数据进行自主管控的权益"。在数据的形成过程中，有诸多参与方，但基本可以分为数据来源者和数据处理者两类。这两类主体对于数据的形成贡献是不同的，数据处理者对数据的存储、加工和分析起到巨大作用，但不能因为其作用巨大就认为他享有所有权。

数据产权内容：数据所有权和用益权分离。我曾在《论数据用益权》①这篇文章中阐述过一个观点，一部小说刚完成时，未必所有人都知道它。但它后来被拍成一部电影，名声大噪。然而，仅仅因为导演的贡献大，就可以剥夺小说作者的著作权人地位，以导演的名字来署名吗？这显然是不公平的，因为小说和电影的贡献是不同的。

同样地，数据来源者有两个主要功能：提供数据来源和促进数据生成。因此，数据来源者应该拥有所有权，虽然这是一种弱化的所有权，但也必须尊重其所有权。数据处理者则拥有数据用益权，即"数据二十条"中表述的"数据使用权"。文件第三条指出"促进数据使用权交换和市场化流通"。类比于

---

① 申卫星：《论数据用益权》，《中国社会科学》2020年第11期。

土地，无论是城市土地还是农村土地，在所有权不变的情况下，在城市流通中，它被称为建设用地使用权，在农村流通中，它被称为土地经营权。这些权利可以自由转让。对数据资源进行加工的处理者，则可以拥有数据的使用权。这种数据使用权，也就是我所说的数据用益权。在权能上比数据使用权还多一项：收益权。所谓数据用益权，就是拥有数据使用、收益的权利。

（二）数据确权之路：以"三阶段"为脉络

我认为，民法一直具有包容性和扩张性，即通过对新事物的包容，扩张其适用范围，从而实现其强大的生命力。因此，我建议在理解数据三权分置时，要以数据用益权为基础。

展开来说，在数据所有权和数据用益权两权分离的基础上，以数据用益权为底座，三权分置可以被视为"数据用益权"在数据生成不同阶段的三种表现形式。根据数据生成周期的不同节点，可以划分为数据资源采集、数据元件加工使用和数据产品经营三个阶段，"数据用益权"实现的权能分别表现为数据资源持有权、数据加工使用权、数据产品经营权，由此形成了从"两权分离"到"三权分置"的确权思路。在数据资源采集阶段，数据处理者对依法依规持有的数据进行自主管控的数据资源持有权；在数据元件加工使用阶段，数据处理者依照法律规定或合同约定获取的数据加工使用权；在数据产

品经营阶段，保护经加工、分析等形成数据或数据衍生的数据
产品经营权。

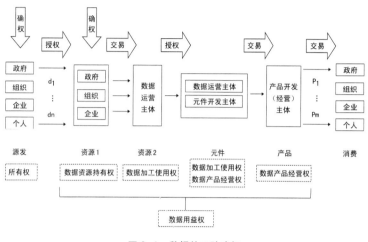

图2-1 数据的三阶确权

如图2-1所示，在数据资源采集阶段，数据来源者拥有
所有权，而通过知情同意，借助于合同和法律规定等方式获取
数据资源并占有该数据资源的主体，享有数据的持有权。提供
数据的数据来源者可以是个人，也可以是企业或者组织。需要
注意的是，企业数据所有权可能有两种：企业本身创造的不包
含个人信息的数据所有权和企业在运营中收集用户数据而享有
的数据用益权。例如，淘宝收集的用户浏览和购买记录的数
据。数据所有者一般不会自己进行运营数据。因此，他们使用
了一种授权方式，将数据授权给数据运营商。基于数据的用益
权，运营商可以对自己持有的数据进行加工和使用，从而形成

一种标准化的数据元件，以解决交易标的的稳定性、权利边界的清晰以及风险隔离等问题。我们称之为数据的元件，它可以是组态、模态或混合态的数据。除了加工使用权之外，数据元件还具有作为数据产品的对外经营权。因此，数据元件也是一种初级数据产品。一级数据开发商可以对元件进行加工处理，然后将其转让给二级数据开发商，由二级数据开发商加工产生数据产品，为各类主体提供数据产品和服务。

总结一下，我个人主张数据授权要避免以点带面、避免线性思维，而应采取横向分层、纵向分段的立体化思维。横向分层是三个分离：一是信息和数据的分离，来源者和处理者的分离，所有权和用益权（或使用权）的分离；纵向分段是在数据资源采集阶段，所有权归属于来源者，而数据资源持有者拥有数据资源持有权，在数据元件加工使用阶段基于数据用益权享有加工使用权，在数据产品经营阶段，基于数据产品所有权和知识产权拥有数据产品经营权。

四、数据分类授权与流通利用

（一）数据的三类授权

数据的三类授权主要体现在"数据二十条"的第四、五、六条规定，分别为公共数据、企业数据和个人信息数据的分类分级确权授权机制。

第一类是公共数据，这里主要是指各级党政机关、企事业单位依法履职或提供公共服务过程中产生和采集的数据，比如疫情期间政府采集的健康数据。但是公共数据往往包含了个人信息和个人数据。所以，公共机关作为数据处理者享有使用权或用益权，而我们每个人都享有数据所有权。个人享有数据的所有权有两个主要功能，第一个是采集个人数据要得到授权。公共机关采集个人数据必须得到授权，除非具有《个人信息保护法》第十三条的法定适用情形。第二个功能是参与数字经济的利益分享。"数据二十条"中有一个初次分配，如果不承认个人数据的所有权，那么数据红利分配的逻辑就不存在了。所以公共数据的使用需要尊重个人数据上的个人信息和数据所有权，根据"数据二十条"第四条，国家鼓励公共数据在保护个人隐私和确保公共安全的前提下，按照"原始数据不出域、数据可用不可见"的要求，以模型、核验等产品和服务等形式向社会提供，对于不承载个人信息和不影响公共安全的公共数据，推动按用途加大供给使用范围。同时，将公共数据分为三类，一是用于公共治理、公益事业的公共数据可以有条件无偿使用；二是用于产业发展、行业发展的公共数据探索有条件有偿使用；三是对于依法依规予以保密的公共数据，要严格管控这类原始公共数据直接进入市场。总体上讲，公共数据要加强数据的共享和开放开发，其目标在于保障公共数据供给使用的公共利益。

第二类是企业数据。企业数据是指对各类市场主体在生产经营活动中采集加工的不涉及个人信息和公共利益的数据,市场主体基于其投入的劳动和其他要素贡献,因为享有依法依规持有、使用、获取收益的权益,保障其获得投入的资本、技术和劳动的合理回报,从而实现数据要素供给激励机制。赋权于企业是为了防止"公地悲剧",同时,赋权又可能带来"反公地悲剧"现象,即权利人以其权利拒绝数据的共享和开放,导致数据孤岛和数据壁垒,为此"数据二十条"鼓励探索企业数据授权使用新模式,要求三个带头:一是国有企业带头作用,二是行业龙头企业带头,三是互联网平台企业带头,通过三个带头来促进享有数据持有权的企业与中小微企业进行双向公平授权,共同合理使用数据。

第三类数据是个人信息数据。我们应对信息与数据进行区分,信息是内容,其价值在于消除不确定性;而数据是以电子化等方式对信息进行储存的载体。同时,我们不能割裂信息与数据,因为信息与数据是紧密结合在一起的。我们在推动数据利用的同时要注重加强对数据上承载的信息的保护。根据"数据二十条"的要求,对承载个人信息的数据,要推动数据处理者按照个人授权范围依法依规采集、持有、托管和使用数据,规范对个人信息的处理活动,不得采取"一揽子授权"、强制同意等方式过度收集个人信息,促进个人信息合理利用。同时,要创新技术手段,推动个人信息匿名化处理,保障使用个人信息数据时的信息安全和个人隐私。

对于个人数据所有权，我们建议应该设立个人数据的资产账户，个人拥有数据资产账户之后，可以把所有在网上的数据进行归集，形成自己的基础数据，并且在基础数据基础上可以运用特色数据进行自我创意。同时，这样一种数据的归集有助于统一授权。数据所有者可以通过自己授权，也可以通过集中的第三方机构授权来减少交易成本。目前来看，世界各国都在不断完善个人资产的账户，可以借鉴个人数据管理（My Data）等模式。

（二）数据要素市场基础制度的未来展望

面向未来，"数据二十条"颁布之后，将会迎来数字经济的大发展。当然，未来还有很多工作需要做。一是建立法律上的各类主体制度，即数据要素的各方参与主体，包括数据供给主体、数据采集汇聚主体以及一些数据服务的中介机构，如合作社、产权交易机构、信托机构、评估机构以及审计机构，以使各个主体在市场经济中扮演不同的角色，发挥不同的作用。其次是建立流通交易制度，包括资产账户、登记和融资。二是尽快建立数据利用的标准合同制度，以规范数字经济中的数据流转。三是在个人数据账户的基础上如何降低交易成本，实现高效地授权。目前来看，"数据二十条"提出的场内交易和场外交易应该并行进行。四是需要尽快建立数据产权的登记管理制度，包括谁来登记、登记什么和登记效力等。未来我们要努力工作，以促进这些配套制度尽快建立，从而让"数据二十条"落地转化为有生命力的法律，从而促进我国数字经济快速健康有序地发展。

第三讲

数据流通的市场体系建设

主讲人：汤珂

汤珂，清华大学社会科学学院经济学研究所所长、长聘教授。国家杰出青年科学基金获得者，中宣部"四个一批"暨哲学社会科学领军人才，入选 2020—2022 年爱思唯尔（Elsevier）中国高被引学者榜单。主要研究方向为商品市场（包括数据要素）、数字资产和数字经济。

（扫码观看讲座视频）

世界经济已经从围绕物品和货币的流动转变为围绕数据的流动来组织，数据已经成为"最具时代特征的生产要素"，推动以数据要素为核心的经济活动是我国数字经济发展的必由之路。中国的数据要素规模增速领先，预计2025年将成为世界最大的数据圈，但由于相关法律法规、技术标准尚不完善，行业、技术、协议和区域等壁垒以及数据孤岛的存在使海量数据资源并未被激活，众多数字企业、公共数据部门缺乏提供数据产品和服务的动力。数据与一般商品不同，它具有一些非常鲜明的特点，因而数据市场与传统的股票市场、期货市场不同。为此，我们需要打造一个特殊的市场体系来实现数据的流通与交易。本讲我将解析"数据二十条"中关于数据市场的规定，并借此展开数据市场体系建设中的一些重要问题。

一、"数据二十条"的基本精神

数据已经成为数字经济时代非常重要的生产资料，而一种生产资料要转化为生产要素，就需要具备以下几个条件：一是存在供给；二是存在需求；三是与其他要素协作以增加产出；四是存在完整的市场体系；五是具有交易价格。在数据领域，前三个条件都已满足，但第四个和第五个条件仍在建设和推进过程中。因此，当我们将数据作为一种生产要素来看待并致力于推动其要素化、价值化时，完整的数据市场体系建设就不可或缺。

在这样的背景下，2022年12月，中共中央、国务院出台了"数据二十条"。我使用了词频分析法提取了"数据二十条"中的关键词，以洞察其基本精神和核心要义。通过分析发现，"发展""经济""流通""安全"等语词出现频率很高。这些词语就成为我们这次讨论的重点。此外，数据处理的好坏、市场主体的收益分配、产权制度以及国家安全等问题也不容忽视。

从上述关键词中可以把握"数据二十条"所传达的基本精神，我认为其中有四点非常重要。首先，要遵循市场原则，通过建立一个良好的数据交易市场，促进数据的流通和发展。其次，要维护数据安全，保证数据安全合规地流动。再次，要增加数据的供给，当然，只有在产权明晰的前提下，才能真正激活数据的供给源泉。最后，要促进数据的使用，推动数据处理者依法依规对数据进行开发利用。

数据的供给不足是数据市场不活跃的主要原因。"数据二十条"指出"加快发展数据要素市场，做大做强数据要素型企业"。数据要素型企业是直接参与数据资源要素化的企业，在数据要素市场中扮演数据提供者的角色。数据价值链视角下，增加数据供给需要助推数据获取、数据贮存、数据分析、数据应用等环节中一个或多个价值创造环节的发展。扶植数据要素型企业，培育其创新数据产品或服务的技术能力以及经营数据的市场能力，是激活数据要素高质量供给的着力点。同时，数据资产入表增加数据要素型企业的资产量，对数据要素型企业的成长具有助推作用。将数据资产入表计量可保护数据提供企业合法的收益权，激活数据要素的供给端。

市场在数据资源配置中发挥决定性作用。数据合法、合规地流通交易是数据要素市场的核心功能，也是数字经济发展的必然需求。数据要素的流通交易应该做到可溯源、可审计、可监管。其中，可溯源是数据市场体系的核心功能，是解决数据交易争议和控制数据非法泄露的抓手。数据要素市场还应具有产品登记功能、价格发现功能和争议仲裁功能，建立完善数据流通的监督体系。同时，健全数据资产评估规则和数据产品的价值评定体系，促进市场发现数据资产的公允价值和数据产品的合理交易价格。培育数据要素市场体系还要发展多样化的商业模式，培育多种类的数据中介机构如数据经纪、数据保险、数据托管等。数据商业生态系统中各参与者相互依存、竞争合作、协同进化。一个具备活力的数据市场体系应体现为多样化、有创造力的商业模式。

达成上述认识后，就有必要进一步考虑数据市场建设的具体问题。比如数据交易与一般商品交易有何不同？在过去几年中，虽然我国也在积极推动数据交易，为什么交易市场依然不够活跃？这些都是我们接下来要讨论的问题。

二、数据的特点与数据交易难点

在交易领域，关于数据和一般商品之间的差异，主要表现为数据所特有的三个重要属性。首先，数据具有可复制性。也就是说，相较一般商品而言，数据更容易被复制。一份数据可以复制多次，也就可以被销售多次，这就导致数据黑市盛行。同时，在数据交易场所中，数据被攫取的现象也很常见。即交易主体在交易所进行数据买卖时，存在被第三方机构或平台攫取数据的风险，这也是数据可复制性带来的问题。其次，数据具有可整合性和非标准化的特点。即使我们希望通过某些制度和规范使数据在一定程度上实现标准化，但是事实上，一个数据集经过拆分、组合和调整后，就会形成不同的数据集。非标准化和可整合性让数据容易引起争议，因为在交易过程中，关键数据可能会被整合掉从而不被包括在数据集内。第三，数据具有信息属性。数据与信息是绑定在一起的，这就带来一个非常重要的难题——信息悖论。信息悖论揭示的是：买方在选择信息类的产品时，如果不看这些产品，因而不知道其中包含什么样的信息，就容易形成错误的购买决策。但是，如果买方看了产品包含的信息，就不会再购买，因为此时他们已经掌握了该信息，由此便导致信息悖论的出现。在传统的商品交易中，我们可以充分挑选、货比三家后再决定是否购买，而数据交易则不同，数据交易中一手交钱一手交货的实现非常困难。

正是由于数据具有前文提到的这些属性，在数据交易的各个环节，我们都需要着重考虑一些问题。例如，在交易前，数据的合规性和所有权的不确定性都会阻碍数据的顺利交易。在交易中，需要保证数据传输的安全性，即数据的加密传输。同时，第三方机构或中介不能在交易过程中攫取数据。数据不像传统商品一样可以通过拍照存证等方式来确保交付完成，其送达和交付往往会引起争议，因此在交易后，数据卖方还需要确定数据是否真正交付给了买方。此外，数据买方也需要严格履行数据保护的承诺，未经卖方许可不可转卖数据。

可以看到，在数据交易中存在着很多难点和不信任问题。总体来讲，卖方担心卖出的数据会被买方在未经许可的情况下转卖，买方则不知道买到的数据是否合法、是否符合自己的需求等。这种双向的不信任让买卖双方难以达成交易，按照传统的经济学理论，这种交易市场或许将无法存在。简言之，数据市场体系的建设面临着严峻的困难和挑战。

解决这个难题需要在政策层面和技术层面上取得突破。具体而言，在数据交易中需要引入第三方来维持信任关系，以确保买卖双方的信任和交易的安全。例如，支付宝等第三方平台不仅提供转账服务，还能起到监督作用，可以保障资金链双方的公平交易并对侵权行为提供证据，这一点可以为解决数据交易中的信任问题提供思路。

三、数据交易监管的政策与技术

那么，第三方监管如何确保数据和隐私安全？一方面，监管方要制定数据安全标准和隐私保护标准。个人数据、企业数据和公共数据是数据的主要类别。个人数据中通常包含大量的隐私信息，对于这类数据而言，应制定数据脱敏的保护标准，建立数据的匿名化和动态脱敏的技术规范。需要强调的是，脱敏技术是随着时间的推移不断发展和进步的，脱敏技术的标准和规划都应动态地纳入隐私保护的标准体系当中。

另一方面，需要建立公共数据的分类分级制度。一般来说，数据分类的主要依据是数据在泄露和篡改后的影响程度。比如，《上海市公共数据开放暂行办法》就提出涉及商业秘密、个人隐私，或者法律法规规定不得开放的公共数据，应列入非开放类；数据安全和处理能力要求较高、时效性较强或者需要持续获取的公共数据，应列入有条件开放类；其他公共数据列入无条件开放类。此外，非开放类的公共数据应依法进行脱密、脱敏处理，或者相关权利人同意开放的，可以列入无条件开放类或者有条件开放类。通过数据的分类分级管理，可以很好地平衡数据开发利用和数据隐私保护之间的关系。

接下来，我们考虑如何从技术层面实现数据的有效监管。首先，数据监管的要点在于在流转和登记过程中的固定证据，即全流程存证。鉴于数据是可以复制、修改乃至篡改的，所以需要在交易前、中、后都进行证据留存。我们发现大量的场景都需要使用区块链技术进行存证。存证完成后，监管方还需要考虑交易的仲裁问题。数据交易的过程中，很容易出现争议，这时候就需要互联网法院等一些仲裁机构来解决这些争议，并且利用留存的证据来辅助裁决。因此，在设计数据监管流程时，需要充分考虑到争议解决和仲裁取证的问题。当然，数据的监管也要利用先进的监管技术，如密码技术和人工智能等技术。

四、数据产品和数据资产的定价

数据合理定价也是数据市场建设必须要解决的问题，"数据二十条"同样谈到了数据的定价和估值问题。我们可以将数据划分为两类：数据产品和数据资产，它们具有不同的定价和估值方法。

（一）数据产品的定价

对于数据产品来说，定价取决于数据使用的场景、出让的数据权利范围等。例如，使用权局限在哪些场景中、使用权的时间范围以及是否具有独家使用权等等。这些具体的规定不同，数据产品的最终定价就会不同。即使对于同一数据集，使用期限不同其价格也不同。因此，数据很难有一个统一的价格。关于数据产品的定价，很难采用统一的价格标准，所以在数据产品市场上进行讨价还价是很常见的。数据产品定价的主要原则包括：价格可以真实地反映买家的效用、卖方收入最大化、收入公平分配给合作提供数据集的不同卖家、无套利和隐私保护。

数据的价格还和数据的多个特征相关。这些特征维度可以兼顾卖方、买方和数据资产本身的特点。数据的价格主要应考虑数据质量、数据产品的层次和协同性、买方的异质性等。例如数据质量的指标主要包括完整性、独特性、时效性、有效性、准确性和一致性；数据产品的层次主要指其技术含量、稀缺性等；协同性则指的是不同信息产品之间的合作产生的增量价值。以上指标与数据价格成正比，而买方异质性使得数据价格的方差很大。不同的买方拥有不同的风险厌恶程度、数据偏好、信息使用成本和变现能力等，因此即便是相同的数据，价格差异也很大。

同时，数据的定价很依赖场景，因为数据的价值和实用性在很大程度上取决于它在特定环境中的应用。不同的场景对数据的需求和价值评估可能会有很大的差异。在特定场景中，数据的相关性可能更高，因此价值也更大。例如，在医疗行业中，某种疾病的患者数据对于开发针对该疾病的新药可能非常有价值，而在其他行业中，这些数据可能没有太大用途。再比如，在某些场景中，数据的时效性对其价值有很大影响。例如，在股票市场中，实时价格数据的价值远高于过时的价格数据。以如下两种场景为例来讨论数据定价方法。

动态查询数据的定价：数据买方希望查询包含各种流派（例如，电影、报纸、音乐）的频率数据来进行市场决策，此时定价机制需至少保证以下三大目标：有效计算大量的查询数据的价格；避免对相同数据的双重收费；无套利，即一次性查询多个数据的定价应该不高于单独查询各个数据的定价之和。

静态数据集的定价：假设数据卖家是零售商店，向市场销售匿名的步行交通数据流，而数据买家是物流公司，他们想要最好地预测未来库存需求的特征。在这种情况下，即使物流公司清楚地知道这些待售的数据流具有预测价值，但该公司对具体哪些步行交通数据集合对需求最具预测性并没有先验知识。类似的案例还包括：对冲基金寻找另类数据来预测某些金融证券的价格；公用事业公司获取电动车辆充电数据，以预测高峰时段的电力需求；零售商寻找在线社交媒体数据来预测客户流失等情景。静态数据的质量、数据量的大小、数据的处理和清洗成本、授权和许可费用等都会影响到静态数据的价格。同时，静态数据的定价可以采用多种模式，如一次性购买、按数据量计费或按订阅时长计费等等。

（二）数据资产的估值

数据资产的估值和核算对于一国数据资产的厘清、数据资源的有效配置至关重要。由于数据价值的不确定性，对数据资产的价格进行统一规定几乎是不现实的。影响数据资产定价的主要因素包括成本、收入和相对市场力量。一般的数据价值评估方法可包括：（1）收益法，关注商品的效用价值或现值，其收益价值可以依合同约定得到。（2）市场法，原始数据资产如进行过交易，其交易价格即为数据资产的估值。（3）成本法，关注数据资产的产生成本。数据的采集、存证、传输、加工、营销均会产生成本。

成本法易于操作且定价相对直观，但如果仅依靠成本法则忽略了买方异质性和数据特点所产生的价值，很可能会低估数据的价值。因此，成本法比较适用于买方差异不大、制作成本几乎是公开信息、供给竞争激烈的数据产品，同时也适用于对个人数据的隐私补偿定价。对于搜集和加工边际成本递减的数据类型，成本法给出的数据资产的价格应该比平均成本更低。收益法关注商品的效用价值或现值，对以原始数据直接交易的数据资产的定价可以通过收益现值法。根据买方的实际收益所得、使用次数或时间等，按比例支付给卖方，但选择合适的折现率比较困难。收益法包括基于项目数量和用户数量制定比例租赁费用的订阅方式，以及根据买方的质询定价等。市场法则强调数据资产的交易价格。

传统会计学方法在评估涉及购置数据资产时有可能出现问题，因为企业在购置数据后并不一定会立即投入使用，而是会先根据数据集特征进行成本—收益决策，如果出现数据集质量不佳或市场需求疲软等现象，企业可能的决策将是放弃或延迟开发数据集。如果按照传统的资本项目评估方法（例如成本法、收益法）对数据定价，很可能因为忽视企业的隐含期权而低估数据集的价格。因而可以选择实物期权的方法。

实物期权理论认为，公司能够相机决策，依据成本损益实时调整投资组合。实物期权是期权定价思想在金融资产外的延伸，将应用范围拓展至"实物"资产。这些资产包括土地、建筑、厂房、设备等。而对这些资本的投资选择正是一种"隐含期权"，即企业同时具有扩大投资的权利、放弃投资的权利和推迟投资的权利等。数据作为一种新型资产，在企业计划将其纳入到生产环节中时，也具有隐含期权的特征。数据集一般不具有直接的使用价值，而是作为模型分析的"原材料"。事实上，企业在购置数据后并不一定会立即投入使用，而是会先根据数据集特征进行成本—收益决策。将实物期权理论应用于数据定价的另一理由是，数据权属的模糊性与实物期权的所有权非独占性相契合。诸多实物期权并不具备所有权的独占性，即它可能被多个竞争者共同所有，因而可以共享。对于共享实物期权而言，其价值不仅取决于影响期权价值的一般参数，而且还与竞争者的策略选择相关。实物期权的非独占性决定了其具有"先占性"的特征，即对实物期权的抢先执行现象以最大化其价值，这与数据企业争相收集并开发数据的现象相一致。

数据资产还可根据"信息熵"理论定价。根据香农（Shannon）的信息论，"信息熵"表示信息中排除冗余后的平均信息量，是与买家关注的某事件发生的概率相关的相对数量。信息熵越大，某事件发生的不确定性越小，正确估计它的概率越高。因而，熵越大，信息内容的有效性越大，交易价格越高。信息熵定价法充分考虑了数据资产的稀缺性，且相对于数据的内容和质量，信息熵定价更关注数据的有效数量和分布。"信息熵"定价在传统金融领域运用广泛。因此，通过对数据元组（组成数据集的最小单位）的隐私含量、被引用次数、供给价格、权重等因素的结合，可以对数据资产的信息熵进行动态定价。

五、数据市场体系的主体机构

总体讲来，数据市场体系中存在三种不同类型的机构。第一类是数据供应商，也就是提供数据的企业，或者数据要素型企业，这也是目前正在兴起的一类朝阳企业；第二类是数据交易机构，包括数据交易所、数据经纪人以及数据空间等；第三类是数据服务中介机构或者数据商，这些机构种类繁多，活跃于数据交易的不同环节。

关于数据交易机构，早期国内已经成立了许多数据交易所，但一直未获得成功。数据交易所不同于传统标准化交易所，如股票、期货交易所，后者主要是为了价格发现，而数据交易则较为复杂、不易标准化，因此也难以在标准化的交易所中实现。由于数据是一个非标准化的产品，对于数据需求方来说，他们的需求是多样化、定制化的，因此，数据产品的卖方很难精准把握市场需求。我们可以看到，像淘宝这样的交易平台和链家这样的中介机构，都是在买方和卖方之间搭建了沟通的渠道，通过收取中介费来连接买方和卖方。同时，也有一些平台以开店的形式，让卖方将自己的产品放在平台上销售，本质上都在创设一个匹配买卖双方的交易空间。因此，我们需要注重数据市场建设中双边市场的特点，吸引更多的买方和卖方参与到双边平台中。

既然既有的数据交易所都暂且没有真正发展起来，那么我们是否仍需在数据市场体系中引入数据交易所呢？答案是肯定的，我认为数据交易所有其独特优势。正如前文所述，数据买卖双方之间存在天然的信任缺失，需要第三方来保证交易的公正性。特别是对于大规模的数据交易，交易金额通常达到数百万或数千万，这时在交易所里进行交易便可以有效地保护买卖双方的合法权益。交易所实际上就是一个第三方机构和监管机构，可以全程追踪交易过程。一旦买卖双方出现争议，交易所就能够提供证据，实现仲裁，这是交易所最大的优势所在。

数据交易机构中另一类值得关注且正在发展壮大的主体是数据经纪人。在这里，我可以通过一个例子简要介绍数据经纪人的运营模式。以日本的信息银行（数据经纪人的一种）为例，数据主体把数据存入信息银行，形成一个交易对价。银行给出数据的价值并提供利息。当银行收集了很多人的数据后，就可以整合形成一个数据产品并进行出售，从而增加数据市场上的数据供给，并且将这部分数据所蕴含的价值释放出来。可见，数据经纪人在很大程度上承担了推动数据流通交易的功能。

最后，我们关注一下数据服务中介机构。在数据市场中，第三方服务机构也是数据流通生态的重要组成部分。从数据流通的全生命周期来看，数据的登记需要登记机构、核验机构和第三方存储机构，以确保数据权利明晰，并且被妥善保管。数据的流通和价值挖掘需要数据咨询机构、治理机构和集成机构等，这些机构可以将碎片化的原始数据加工成数据资源，在确权后形成数据资产。数据资产评估、入表、数据信托和数据质押的开展还需要质量评估机构、资产价值评估机构、审计机构、数据信托托管机构等等。此外，监管机构、仲裁机构和技术分析机构也发挥着重要的作用。在未来数据市场体系的建设中，留给第三方中介服务机构的发展空间还很大。

总之，"数据二十条"的颁布是数据流通市场体系建设过程中的里程碑事件，其中仍有很多细节问题值得关注推敲，并且有待推动落实。但我们可以相信，未来会有越来越多主体关注数据市场并积极推动数据市场合规发展！

第四讲

信息生成视角下的数据要素分类与交易机制设计

主讲人：王勇

王勇，清华大学长聘教授，经济学研究所副所长，博士生导师，兼任清华大学民生经济研究院院长，国家社科基金重大项目首席专家。主要研究领域为数字经济发展、平台经济治理、企业理论与国企改革等。

（扫码观看讲座视频）

现今我们将数据视为一种生产要素，当数据作为生产要素投入经济活动时，其所产生的影响究竟为何？我们常关注数据的赋能功能，然而我认为，作为一种投入，数据的最大价值在于其能生成信息、产生知识，甚至可进一步形成智慧。

一、数据要素的信息和知识生成价值与分类

（一）DIKW 模型下的数据要素价值

借助 DIKW（Data Information Knowledge Wisdom）模型，我们可递进地理解数据、信息、知识与智慧之间的关系。在数字经济背景下，数据泛指通过数字技术记录的原始素材，包括多种模态的数据。最基本的数据中包含了若干指向性的信息碎片，而信息的生成需对数据加以处理，揭示不同数据间的关联，提供一个指向性的答案。这样的处理过程使信息更具针对性，易于形成知识。根据信息论的定义，信息可视为一种熵减过程，即一种降低混乱程度的过程。因此，从数据中提取信息、形成知识需要经由处理过程来实现。

尽管知识具有不同的形式和定义，但在我看来，知识是建立在信息基础上的，提炼信息之间的联系。在信息基础之上，

知识可以进一步发展。在经济活动中，信息与知识皆具有举足轻重的地位，比如基于数据生成知识，并利用知识来驱动经济增长等。因此，关于数据向知识转化的研究与讨论颇为丰富。

结合"数据二十条"，我认为，在经济活动中，数据至信息层面的转化可能较为普遍，尤其是将数据视为一种生产要素。数据作为生产要素，所产生的最主要成果是信息。为了生成信息，需要一些算法和模型予以辅助。信息的最大功能在于改变我们的决策水平，提升决策能力。通过经济决策、科研决策等领域的决策，提高生产效率，赋能经济活动。因此，将数据视为一种生产要素至关重要。

在DIKW模型框架下进行讨论时，我们需要明确数据如何形成决策所需的信息。基于此视角，我们对数据进行分类探讨。现有对数据要素的分类，一般根据数据所有者或主体相关性，在此标准下，将数据分为个人数据、企业数据和政府公共数据。个人数据涉及个人相关的身份、财富、活动和消费习惯等信息；企业数据反映企业的生产和经营活动；政府公共数据与主体相关，如教育、医疗和社会保障等。这一分类方式更能展现数据所包含的信息及涉及的主体。

（二）数据要素按功能分类

从数据如何形成信息和知识的角度出发，我认为对数据的分类有必要增加一个维度，即考虑数据生成信息和知识的角度。从这一视角，我们可将数据划分为以下四类。

第一，特征性数据，涵盖与主体相关的特征，如个人的性别、年龄等。第二，行为数据，包括人们的行为，如购买手机等消费活动、锻炼等日常行为。行为数据与特征数据存在关联，例如政府部门工作人员可能更倾向于购买华为手机，这种偏好可归为行为数据。第三，绩效数据，即最终表现，如通话时长等。第四，背景数据，指行为发生时的背景，如时间、地点、天气等。

这四大类数据的结合可产生所需信息，甚至进一步产生知识。作为科研工作者，我们要处理的大量数据，运用回归分析等方法进行研究，例如分析某个国家的国内生产总值（GDP）、某个企业的资产收益率（ROA）等绩效数据与其特征数据和行为数据的关系。特征数据如企业的国有或民营等性质，行为数据如投资量和薪酬，背景数据如地理位置和气候等。通过对这些数据的处理，我们可得出一些结论或知识。

尽管我们进行的计量分析旨在形成知识，但从现实生活角度看，结合不同数据可产生一些信息。例如，某些电商平台上的商户可能希望了解在特定背景情况下，如春节期间消费者的购买行为，包括购买年货、为老人购买新衣服以及旅游、休闲等其他消费数据。结合这些数据和其他特征，商户可获得所需信息，从而进行定制化广告推荐和精准投放。

数据发挥作用的过程，实际上是通过数据间的联系形成信息，并运用各种算法生成支持决策所需的信息。为了形成所需信息，有时需要收集或购买不同类型的数据。数据交易之所以需求迫切，是因为我们可能仅掌握一类或两类数据，而为获取所需信息和知识，需要向他人购买相应数据，从而生成所需信息。因此，不同类型的数据需相互匹配以形成信息。

然而，并非所有数据都需要四种类型的数据共同构成一个信息。有时，相同类型的数据亦可形成一个信息。例如，在联邦计算领域常提及的一个例子：现有两位百万富翁，他们欲比较财富多寡。财富可视为他们的特征数据，而谁更富即为一个信息。在不披露个人隐私、不泄露特征数据前提下，如何产生谁更富有的信息？这是一个颇具盛名的问题，计算机科学家、图灵奖得主姚期智先生1982年在他的论文中提出过。后来，他于1986年提出了一套算法解决此问题。

在确保个人隐私数据不被披露的前提下，可通过不同算法对特定数据进行分类，如特征、行为和背景等。这些算法可借助计算机科学开发并得到广泛应用。姚期智先生提出的一套算法，即联邦计算或多方安全计算，可支持数据交易，并且是底层技术中非常重要的一个。借助计算机科学中的算法工具，例如联邦计算和多方安全计算等方法处理数据，从而获得所需信息或相关知识。为处理数据，需先进行分类。通过这种基于分类的方法，可以从信息生成的角度对数据进行分类。

二、构建数据要素场内与场外交易的双重市场体系

（一）数据交易形式

当前，数据交易的主要形式包括场内交易和场外交易。场内交易是非常必要的。原因在于，若根据前文所述将数据分为四类，特征类数据具有较强的隐私性。如果特征类数据进行场外交易，即一对一交易，便容易导致数据灰产问题。在过去的几年里，大数据产业没有实现大规模的发展，主要原因是大量数据公司涉及数据黑产或灰产。他们交易的部分数据涉及大量个人隐私，即个人的特征性数据。除个人数据外，有时亦涉及企业隐私数据，甚至可能涉及国家层面的敏感特征数据。例如，滴滴出行的行程数据就涉及众多政府公务人员。特别是在北京，可能涉及机密地点的精确数据，而这些信息不宜为外界所知。

从这个角度看，我们可以更好地理解数据分类以及哪些数据适合场内交易，哪些适合场外交易。涉及私密性质的特征数据及行为数据，不仅包括个人隐私，还涉及企业和政府的安全数据，这些数据最好在场内进行交易。场内交易的优势在于发挥数据加密技术，如多方安全计算和隐私计算等算法技术的保障，减少数据灰产和数据泄露，避免侵犯个人、企业和国家利益。

另一方面，我们注意到，场外交易在当前的发展速度极快，流量数据或注意力数据交易已成为场外交易的主要方式。实际上，流量数据交易包含了前述的三种数据类型：特征数据、行为数据和背景数据。在线上环境中，人们的注意力因不同时间而有所差异，尤其在电商平台更为明显。例如，工作日购物时间通常较短，周末较多，白天较少，晚上较多。因此，我们发现这类数据具有显著的时间性因素。

在探讨数据交易时，若考虑背景因素，部分数据可能对时间不敏感，如性别和地理位置等；然而，某些数据与时间高度相关，例如流量数据，由于其对及时性的要求较高，可能仅适用于场外交易。电商平台开发了众多流量数据交易工具，例如淘宝直通车等。

另一类场外交易是基于数据库交易，即将各类数据整理后通过查询服务的方式获取。我们可以获取这些数据中不涉及用户隐私的特征数据和行为数据，以及通过与其他数据对比获得的数据互补性产生的信息。例如，中国知网通过与其他数据对比，可以得出一篇文章的重复率；根据已收录的论文发表热点情况推荐选题。此外，场外交易还可以基于数据库和人工智能算法训练出优秀的人工智能，如 Chat GPT。从这些角度来看，场外交易有可能成为数据交易的主体，因为它考虑了数据背景因素中的时间性和数据互补性等方面。

（二）数据交易的双边匹配算法

在探讨数据交易的重要性时，需关注不同利益相关者对信息的各异需求，这些需求有时具有特定的针对性。为决策者提供关键信息以支持决策过程至关重要。然而，实现一个决策可能需要多样化的信息。因此，商业活动中信息需求的实时性使得场外交易成为主流。场内交易需依赖联邦计算和多方安全计算等算法解决数据可用性和隐私性问题；场外交易需要关注数据的匹配性问题。

如前所述，信息需求因各方而异，具有特定的针对性。因此，我们可以通过经济学中的市场设计或匹配理论来理解如何在数据交易过程中通过优化匹配方式产生信息。将数据分类后，可通过不同的匹配方式产生信息。最简单的匹配方式是一对一匹配，例如特征与行为之间的匹配、行为与绩效之间的匹配。然而，在很多情况下也可以实现一对多的匹配，如一个绩效数据与其他几类数据匹配以形成一个解释。

数据的完全自由流动有利于最大化发挥数据价值，获得经济效益，但同时需要保证个人隐私数据保护、企业商业秘密保护等隐私保护需求。因此，需要区分个人隐私数据和非个人隐私数据的数据流动，建立平衡数据自由流动带来的经济收益和数据主体对个人隐私保护需求的数据制度，进而实现经济效益最大化。数据交易常用的匹配算法有两种。一种是稳定匹配算法（Gale Shapley 算法，又称延迟接收算法），其匹配结果具有稳定性，设计后可用于场内交易。另一种是匈牙利算法，该算法关注如何为两类数据分配不同权重以产生具有较强解释力的绩效，追求效率最大化，通常适用于解决一对多的匹配问题。尽管这两种算法在数据交易中具有一定作用，但相关文献仍相对匮乏。

我认为，若能在联邦计算基础上引入稳定的匹配算法或权重算法，将更好地促进数据交易。针对四种不同数据类型，在考虑数据财产权利时，例如，涉及用户隐私的个人隐私性数据，由于其敏感性，不能轻易转让。因此，应限制隐私数据的共享与交易，并加强该领域财产权利，以保护个人隐私为主导。在忽略个人隐私，仅关心特定信息的情况下，如比较两人财富时，可利用某些算法对个人数据进行加密处理，生成所需信息。然而，在涉及隐私数据的场景中，需要更严格的算法技术保护才能进入信息生成阶段。在此阶段，可以利用数据访问权利，并使用一套算法程序访问数据，而非个人身份。

（三）数据产权与数据交易

借鉴财产权或知识产权的经验确立数据产权。对于非个人隐私数据的交易，授予产权会增加交易成本，阻碍数据自由流动。相反，如果非个人隐私数据通过授予数据访问权等方式在企业之间共享，则有利于最大化发挥数据的价值。对于个人隐私数据的交易，尽管授予产权也会增加成本，但出于隐私保护的目的是有必要性的。由于个人数据的产权可以转让给任何第三方，因此企业很可能会确保某用户在使用他们的服务时转让这些产权，因此，数据主体不仅会失去对其个人隐私数据的控制权，而且企业作为产权所有者，可能会禁止他人进一步使用这些数据，从而对数据流动产生不利影响。

所有权可以被更广泛地理解为拥有一定的控制权，在相关法律条款中，包括《信息保护法》和《个人隐私保护法》都提及了这一权利。对于数据主体所有的个人隐私数据，数据所有权为控制权，即"信息自决权"。数据主体有权决定向他人披露哪些关于他们的个人隐私数据以及这些数据将用于何种目的。因此，在获得算法支持后，数据访问权实际上成为交易的核心对象。

对于涉及个人隐私数据的访问，需依赖算法保护或加以限制。此外，应鼓励访问非个人隐私数据，因为这有助于生成更多信息，从而改善商业决策。一般情况下企业数据都被认为是不被共享的资产，只在内部和通过其他分包商收集和分析数据，并确保这些数据保留在内部并不与其他企业交易。向企业授予访问权可以使企业数据得到更广泛的流通，促进企业间的竞争。对于某些公共数据或过期的脱敏数据，为激励更多高质量信息和知识的产生，可在一定期限后实行强制许可，允许他人访问。

在"数据二十条"中，我们可以看到有关数据加工使用权的条款。使用权实际上是一种访问权利。访问权利与使用权利之间的差异在于，访问是基于算法的数据访问，本质上也是数据的使用。访问权利在数据交易中至关重要，访问权利应根据访问次数和频率进行定价。可采取按次访问收费或付费订阅一段时间的无限访问服务。通过访问权的确立，数据交易的实质可以不再是数据本身的交易，而是更注重数据访问权的交易，从而逐步取代线下数据交易所，构建新的云端数据交易所模式。

（四）数据交易的政策建议

借鉴《专利法》中的强制许可制度，建议在数据交易中建立全面的数据访问权制度，在保护各方权益的基础上确保充分的数据自由流通，最大化发挥数据价值。

一是在《反不正当竞争法》中引入企业数据访问权的强制许可制度，建立普遍的数据访问权，以允许企业要求获得其他企业持有的数据。但是为了保护企业利益，必须设计相对严格的准入条件，并且要求访问的企业必须支付适当的许可费。该访问权的定价须考虑数据每年的访问量和产生的现金流收益。有了现金流，才能对资产进行定价，因此，数据访问是资产定价的重要基础。明晰的访问权和访问量是更好地解决资产定价问题的途径。需要定义授权这种许可的条件及其范围

（即所涵盖的数据），以及如果被授予访问权，数据可用于何种目的。此外，还需要定义强制许可是否包括获得数据副本的权利，还是仅限于联邦学习技术等数据"可用不可见"的方式使用和分析数据。

二是在特定部门的法规中授权强制许可制度，如《能源法》特定行业的法规可以授予特定的访问权限。在法规中允许访问的条件可以修改，比普遍的数据访问权更具体，在许可费的计算方面也是如此。在制度安排方面，我们需关注数据访问的技术要求，以充分发挥数据产生更多有价值信息的潜力。

第五讲

构建公平与效率相统一的数据要素按贡献
参与分配的制度

主讲人：蔡继明

　　蔡继明，清华大学社会科学学院教授，院长聘教授委员会暨学术委员会副主任，政治经济学研究中心主任，美国哈佛大学富布莱特访问学者，十三届全国人大财经委员会委员，"十四五"国家规划专家委员会委员，国家新型城镇化规划专家委员，民进中央经济委员会主任，最高人民法院特邀咨询员，享受国务院政府特殊津贴。主要从事价值和收入分配理论、地租理论以及土地制度和城市化问题的研究。

（扫码观看讲座视频）

"数据二十条"从产权制度、流通和交易制度、收益分配制度、治理制度四个方面，对构建我国数据基础制度作了全面部署，其中"数据要素收益分配制度"既涉及数据产权的界定、保护和在经济上的实现，又涉及数据要素价值贡献的市场评价，还涉及政府对数据要素收益再分配的调控和治理，无疑处在整个数据基础制度建设的中心环节。本讲拟重点对构建数据要素收益分配制度所涉及的一些理论和政策做一深入解读。

一、数据要素按贡献参与分配是完善社会主义基本经济制度的需要

乍一看这个题目，可能会使一些读者感到奇怪，为什么要将数据要素分配问题提到如此高的层面？建立既体现效率、又促进公平的数据要素收益分配制度，之所以要提升到完善社会主义基本经济制度的高度来认识，这是因为经过 40 余年的改革开放，我国社会主义基本经济制度的范围已经由单一的生产资料公有制扩展到公有制为主体、多种所有制经济共同发展，按劳分配为主体、多种分配方式并存以及社会主义市场经济体制，其中"按劳分配为主体、多种分配方式并存"的内涵和

外延也发生了深刻变化。而长期以来，在我国的一些专家学者的研究和经济学文献中，人们对社会主义基本经济制度的认识还停留在改革开放前 40 年，甚至停留在 150 多年前马克思主义经典作家对未来社会的一些构想上，如"公有制+计划经济+按劳分配"，囿于这种传统的观念和过时的认知，显然很难理解社会主义国家怎么会允许作为非劳动要素的数据参与分配。

（一）改革开放以来我国社会主义基本经济制度的变革

改革开放初期，我国颁布了第四部宪法，也就是 1982 年宪法。其中第六条规定：中华人民共和国的社会主义经济制度的基础是生产资料的社会主义公有制，即全民所有制和劳动群众集体所有制。这是最具有法律权威的对社会主义基本经济制度的表述。

1987 年召开的党的十三大，在确认我国尚处在社会主义初级阶段的基础上，提出社会主义初级阶段的所有制结构应以公有制为主体，要在以公有制为主体的前提下发展多种经济成分，私营经济是存在雇佣劳动关系的经济成分，是公有制经济必要的和有益的补充。

鉴于非公经济有了长足发展，1997 召开的党的十五大将公有制为主体、多种所有制经济共同发展确定为我国社会主义初级阶段的一项基本经济制度，并将非公有制经济界定为我国社会主义市场经济的重要组成部分。非公有制经济的地位发生了根本的变化。

1999 年通过的中华人民共和国宪法修正案，将我国社会主义初级阶段的基本经济制度的表述修改为"公有制为主体、多种所有制经济共同发展"，并明确"在法律规定范围内的个体经济、私营经济等非公有制经济，是社会主义市场经济的重要组成部分"。

经过 20 年非公经济的发展和社会主义市场经济体制的完善，2019 年，党的十九届四中全会从空间和时间两个维度扩展了社会主义基本经济制度的内涵与外延，明确将公有制为主体、多种所有制经济共同发展，按劳分配为主体、多种分配方式并存以及社会主义市场经济体制，一并确定为社会主义基本经济制度。

和以往的官方文件相比，党的十九届四中全会关于我国社会主义基本经济制度的新概括有两大突破：其一是在过去只强调公有制为主体、多种所有制经济共同发展的基本经济制度的基础上，增加了按劳分配为主体、多种分配方式并存和社会主义市场经济体制，从而在空间外延上扩大了我国现阶段基本经济制度涵盖的范围；其二是将上述基本经济制度直接定性为我国社会主义基本经济制度。这不仅意味着非公经济作为社会主义市场经济的重要组成部分同时也是社会主义整个经济体系的重要组成部分，而且意味着把过去只适用于社会主义初级阶段的基本经济制度在时间跨度上扩展到了整个社会主义历史阶段。

（二）改革开放以来我国分配制度的变革

进一步分析上述我国社会主义基本经济制度的内涵便可以发现，"按劳分配为主体、多种分配方式并存"仅仅是对改革开放后出现的工资、利润、利息、地租等分配形式的一个经验概括，这种经验概括并没有揭示各种分配形式的本质和彼此的关系。党的十五大（1997 年）虽然提出"把按劳分配与按生产要素分配结合起来"，但没有明确是按照生产要素的所有权还是贡献分配。

党的十六大（2002 年）首次将"按劳分配为主体、多种分配方式并存"概括为"劳动、资本、技术、管理等生产要素按贡献参与分配的原则"，党的十七大（2007 年）则将"劳动、资本、技术、管理等生产要素按贡献参与分配的原则"提升为分配制度，此后党的十八大（2012 年）提出"完善劳动、资本、技术、管理等生产要素按贡献参与分配的初次分配机制"，党的十八届三中全会（2013 年）提出"健全资本、知识、技术、管理等由要素市场决定的报酬机制"，党的十八届五中全会（2015 年）提出"优化劳动力、资本、土地、技术、管理等要素配置""完善市场评价要素贡献并按贡献分配的机制"，党的十九届四中全会（2019 年）则进一步强调要健全"劳动、资本、土地、知识、技术、管理、数据等生产要素由市场评价贡献、按贡献决定报酬的机制"。

从生产要素按贡献参与分配原则的确立到制度健全和机制完善，是对党的十三大提出的"按劳分配为主、多种分配方式并存"所做的理论概括，是对马克思按劳分配思想的一个重大发展，对于毫不动摇地鼓励、支持和引导非公有制经济发展和保护一切合法的劳动收入和合法的非劳动收入，具有重大的理论意义和政策意义（蔡继明，2008）。

（三）数据要素按贡献参与分配的意义

全面把握改革开放以来我国社会主义基本经济制度的演变以及生产要素按贡献参与分配从原则确立到制度健全和机制完善过程，有助于我们深刻理解"数据二十条"提出数据要素收益分配制度的重要意义。

首先，健全数据要素由市场评价贡献、按贡献决定报酬机制，是完善生产要素按贡献参与分配的制度、让全体人民更好共享数字经济发展成果、推进共同富裕的需要。

其次，扩大数据要素市场化配置范围和按价值贡献参与分配渠道，完善数据要素收益再分配调节机制，充分发挥市场在数据资源配置中的决定性作用，是构建全国统一大市场，完善社会主义市场经济体制的需要。

再次，依法依规维护数据资源资产权益，探索个人、企业、公共数据分享价值收益的方式，是坚持"两个毫不动摇"，确保各类产权主体平等使用国家资源、公平竞争、共同发展的需要。

最后，健全和完善数据要素按贡献参与分配的体制机制，是构建整个数据基础制度体系极其重要而关键的一环，对于完善社会主义基本经济制度具有重要的理论意义和政策意义。

二、数据要素贡献的是价值，社会财富是使用价值与价值的统一

（一）"数据二十条"明确数据要素的贡献是价值贡献

构建数据要素按贡献参与分配的制度，理论难点是弄清楚数据要素是仅仅参与使用价值的创造，还是同时也参与价值创造。我在《数字经济前沿八讲》（人民出版社 2022 年版）开篇第一讲讨论"数据要素按贡献参与分配的价值基础"时，数据要素按贡献参与分配依据的是使用价值贡献还是价值贡献，在当时的经济学界还是一个颇有争议的话题（张莉，2019；庄子银，2020；王颂吉，2000；王胜利、樊悦，2020）。事实上，自 2002 年党的十六大确立"劳动、资本、技术、管理等生产要素按贡献参与分配的原则"以来，在党中央一系

列文件中，包括数据要素在内的所有非劳动要素的贡献究竟是使用价值还是价值，都没有明确的表述。[①] "数据二十条"提出"扩大数据要素市场化配置范围和按价值贡献参与分配渠道""强化基于数据价值创造和价值实现的激励导向"，这是在官方文件中首次明确了数据要素贡献的价值属性，这将为理论界推而广之，进一步探讨其他非劳动要素的贡献属性开辟广阔空间。

（二）社会财富是使用价值和价值的统一

包括数据要素在内的所有非劳动要素都参与使用价值量创造，这是几乎所有经济学家都承认的，"土地是财富之母，劳动是财富之父"[②]，配第这句名言，就使用价值而言，无论是马克思主义经济学家[③]还是现代西方主流经济学家都是认同的。要弄清楚数据等非劳动要素是否同时参与价值创造，关键

---

① 当然，从党的十八大（2012）以来官方文件反复强调"健全和完善由市场评价要素贡献、按贡献决定报酬的机制"的表述已经间接地承认这里所说的"要素贡献"就是价值贡献，因为在市场经济中，生产要素对使用价值创造所作的贡献，只有取得或通过价值形式才能得到社会的承认，也就是说市场只能通过价值尺度才能对生产要素的贡献作出客观公平合理的评价。

② 《配第经济著作选集》，商务印书馆 1981 年版，第 66 页。

③ 马克思在批判"劳动是一切财富的源泉"的观点时指出："劳动不是一切财富的源泉。自然界同劳动一样也是使用价值（而物质财富就是由使用价值构成的！）的源泉"，见《马克思恩格斯文集》第 3 卷，人民出版社 2009年版，第 428 页。

是要全面理解马克思主义经济学关于使用价值与价值以及物质财富与社会财富关系的系统论述。

马克思认为："不论财富的社会形式如何，使用价值总是构成财富的物质内容。在我们所要考察的社会形式中，使用价值同时又是交换价值的物质承担者。"① 由于价值来源于对交换价值的抽象，"交换价值首先表现为一种使用价值同另一种使用价值相交换的量的关系或比例"②，相互交换的使用价值量的变动必然引起价值量的变动。

根据马克思关于经济范畴的物质内容与社会形式的辩证法，在商品经济或市场经济中，使用价值是财富的物质内容，价值是财富的社会形式；没有无物质内容的社会财富，也没有无社会形式的物质财富，社会财富是使用价值和价值的统一。③

如果说使用价值是财富的一般形式，价值则是财富的特殊形式，而数据价值（包括数据要素本身的价值和数据要素参与创造的价值）则是财富的个别形式。根据马克思一般、特殊和个别的辩证法，影响和决定使用价值即一般财富创造的因素，必然也是影响和决定价值即特殊财富创造的因素。这里，

---

① 《马克思恩格斯全集》第 23 卷，人民出版社 1972 年版，第 48 页。
② 《马克思恩格斯全集》第 42 卷，人民出版社 2016 年版，第 23 页。
③ 这里的"使用价值"是指物品满足人类需要的属性，既包括满足人类物质需要的物质产品（物品），也包括满足人类精神需要的精神产品或劳务。

关键是揭示数据要素如何通过提高劳动生产力从而通过增加使用价值量而创造价值的机理。

（三）数据要素参与价值创造的机理

人类社会之所以从自给自足的自然经济转变为分工交换的商品经济，一个必要的前提无疑是后者所产生的收益大于前者，我们把二者的差额定义为比较利益。既然商品生产者追求的是比较利益，那么均衡的交换比例必然取决于均等的比较利益率。这里，我们首先根据比较利益率均等原则推导出两部门均衡交换比例如下：

$$R_{2/1} = \frac{x_2}{x_1} = \sqrt{\frac{t_{11}t_{21}}{t_{12}t_{22}}} = \sqrt{\frac{q_{12}q_{22}}{q_{11}q_{21}}} \text{ ①} \qquad (5-1)$$

然后以进入交换的全部产品生产中所耗费的总量劳动时间作为价值尺度，根据均衡交换比例公式，即式（5-1）依次推导出单位商品价值量、部门单位平均劳动创造的价值量和部门总劳动创造的价值量以及跨期社会价值总量如下：

---

① 公式中的 x_1 和 x_2 分别表示均衡状态下产品 1 和产品 2 相互交换的数量，q_{11}、q_{12} 和 q_{21}、q_{22} 分别表示生产者 1 和生产者 2 在产品 1 和产品 2 上的绝对生产力，它们与相应的单位产品的劳动耗费 t_{11}、t_{12} 和 t_{21}、t_{22} 互为倒数，即 $q_{ij} = 1/t_{ij}$。

$$\begin{cases} V_1^c = \dfrac{1}{2q_{11}}(1 + \sqrt{q_{11}q_{12}/q_{22}q_{21}}) = \dfrac{1}{2q_{11}}(1 + CP_{1/2}) \\[3mm] V_2^c = \dfrac{1}{2q_{22}}(1 + \sqrt{q_{21}q_{22}/q_{12}q_{22}}) = \dfrac{1}{2q_{22}}(1 + CP_{1/2}) \end{cases} \text{①} \ (5\text{-}2)$$

$$\begin{cases} V_1^t = \dfrac{1}{2}(1 + \sqrt{q_{11}q_{12}/q_{22}q_{21}}) = \dfrac{1}{2}(1 + CP_{1/2}) \\[3mm] V_2^t = \dfrac{1}{2}(1 + \sqrt{q_{21}q_{22}/q_{12}q_{22}}) = \dfrac{1}{2}(1 + CP_{1/2}) \end{cases} \ (5\text{-}3)$$

$$\begin{cases} V_1 = \dfrac{1}{2}T_1(1 + \sqrt{q_{11}q_{12}/q_{22}q_{21}}) = \dfrac{1}{2}T_1(1 + CP_{1/2}) \\[3mm] V_2 = \dfrac{1}{2}T_2(1 + \sqrt{q_{21}q_{22}/q_{12}q_{22}}) = \dfrac{1}{2}T_2(1 + CP_{1/2}) \end{cases} \ (5\text{-}4)$$

$$\begin{cases} TP_t = \sqrt{CP_{1\,t} \cdot CP_{2\,t}} = (q_{11_t}q_{12_t}q_{21_t}q_{22_t})^{1/4} \\[3mm] g = TP_t/TP_{t-1} - 1 = \left(\dfrac{q_{11_t}q_{12_t}q_{21_t}q_{22_t}}{q_{11_{t-1}}q_{12_{t-1}}q_{21_{t-1}}q_{22_{t-1}}} \right)^{1/4} - 1 \quad \text{②} \ (5\text{-}5) \\[3mm] G + 1 = (1 + m)(1 + g) \approx 1 + m + g \end{cases}$$

式（5-2）、式（5-3）、式（5-4）、式（5-5）表明，无

---

① 公式中的 $\sqrt{q_{11}q_{12}}$ 和 $\sqrt{q_{22}q_{21}}$ 即两部门不同劳动生产力的几何平均定义为两部门的综合生产力，两部门综合生产力之比 $CP_{1/2}$ 表示两部门的比较生产力。

② 式（5-5）中，TP_t 为 t 期社会总和生产力，等于 CP_1 和 CP_2 的几何平均；g 为 t 期相对于 $t-1$ 期的总和生产力增长率；m 为劳动力增长率，$G+1$ 为跨期的全社会价值总量，近似于全社会劳动力的增长率与技术进步增长率之和（积）。

论是单位商品价值量，还是部门单位平均劳动创造的价值量及部门总劳动创造的价值量，抑或是全社会价值总量，都与部门综合生产力、比较生产力和总和生产力正相关①，这实际上是把马克思劳动生产力与价值量正相关的命题②的适用范围从单个生产者扩展到了整个社会。③

从式（5-2）、式（5-3）、式（5-4）、式（5-5）可知，部门比较生产力是由 q_{11}、q_{12}、q_{21}、q_{22} 四个绝对生产力变量构成的，而每个绝对生产力即马克思所说的劳动生产力又是由工人的平均熟练程度、科学的发展水平和它在工艺上应用的程度、生产过程的社会结合、生产资料的规模和效能以及自然条件等多个因素决定的④，这些要素，亦即党的十九届四中全会（2019）所概括的劳动、资本、土地、知识、技术、管理、数据等生产要素，由此构成如式（5-6）所表示的绝对生产力

---

① 当 $CP_{1/2}>1$ 时，部门 1 等量劳动创造的价值大于部门 2；当 $CP_{1/2}<1$ 时，部门 1 等量劳动创造的价值小于部门 2，只有当 $CP_{1/2}=1$ 时，两部门等量劳动创造的价值才相等。

② 马克思在阐述劳动价值论时，曾提出单个生产者劳动生产力与其所创造的价值量正相关的原理，认为"生产力特别高的劳动起了自乘的劳动的作用，或者说，在同样的时间内，它所创造的价值比同种社会平均劳动要多"，见《马克思恩格斯全集》第 23 卷，人民出版社 1972 年版，第 354 页。

③ 马克思关于劳动生产力与价值决定的关系，分别有"正相关"、"不相关"和"成反比"三个命题，由此引起经济学界长期争论，莫衷一是。本讲取"正相关"命题而否定其他两个命题，具体论证见蔡继明、钟一瑞、高宏：《技术进步、经济增长与"价值总量之谜"——基于广义价值论的解释》，《经济学家》2019 年第 9 期。

④ 《马克思恩格斯全集》第 23 卷，人民出版社 1972 年版，第 53 页。

函数：

$$q_{ij} = q_{ij}(L_i, K_i, N_i, E_i, T_i, Z_i, D_i) = \frac{Q_{ij}}{L_i}, \quad i, j = 1, 2$$

$$(5-6)$$

对式（5-6）全微分可得：

$$dq_{ij} = q_{ij}^{L_i}dL_i + q_{ij}^{K_i}dK_i + q_{ij}^{N_i}dN_i + q_{ij}^{E_i}dE_i + q_{ij}^{T_i}dT_i +$$

$$q_{ij}^{Z_i}dZ_i + q_{ij}^{D_i}dD_i \qquad\qquad (5-7)$$

在式（5-7）中，上标表示函数对第 i 要素的偏导，即第 i 要素对劳动生产力的边际贡献量；下标 i 表示生产部门；下标 j 表示所生产的产品。

显然，任一生产要素数量和质量的变化，都会引起绝对生产力水平的变动，进而引起比较生产力和总和生产力的变化，最终引起部门总劳动和全社会总劳动创造的价值量的变化。由此，我们就揭示了包括数据要素在内的所有生产要素参与价值创造的内在机理。

至于数据要素提高劳动生产力的具体途径，根据蔡继明等（2022）的分析，主要有三个因素：其一是数据的初始存量，其二是前期收集处理数据所投入的劳动，其三是当期在收集处理数据所投入的劳动。

改革开放 40 年来（1979—2019 年），我国实际 GDP 年均增长率为 9.4%，而以就业人员所代表的劳动投入年均增长率仅为 1.53%，价值总量增长与劳动投入总量增长之间的差额，无疑来自劳动生产力提高所作出的贡献。[1] 而近 20 年来，我国劳动生产力的提高在很大程度上来自数据要素的贡献。据北京大学课题组测算，2001—2018 年间，数字经济部门对 GDP 增长的贡献达到了 70%。[2]

三、如何使数据要素收益分配既体现效率又促进公平

（一）数据要素收益分配的平等原则：部门间比较利益率均等

根据广义价值论原理，分工交换产生于生产—消费者对比较利益（即高于自给自足经济的净收益）的追求，商品的均衡交换比例决定于比较利益率均等原则，如式（5-1）所示，根据比较利益率形成的均衡交换比例，各部门无论规模大小，通过使用数据要素获得的比较利益率（比较利益相对量）是均等的，由此体现了收入分配的平等原则。

（二）数据要素收益分配的效率原则：要素生产力与要素创造的价值量正相关

如前所述，广义价值论把马克思的劳动生产力与价值量

---

① 蔡继明、钟一瑞、高宏：《技术进步、经济增长与"价值总量之谜"——基于广义价值论的解释》，《经济学家》2019 年第 9 期。
② 黄益平主编：《平台经济——创新、治理与繁荣》，中信出版社 2022 年版，第 100—101 页。

正相关原理的适用范围由部门内的单个生产者扩展到整个部门和全社会，如式（5-3）、式（5-4）、式（5-5）所示，由此得出比较生产力与部门价值量正相关、总和生产力与全社会总价值正相关原理，由此体现了数据要素使用所遵循的效率原则。

（三）数据要素收益分配的公平原则：要素报酬与要素贡献相一致

1. 运用边际分析方法和柯布—道格拉斯生产函数，分解出劳动、资本、土地、企业家才能等生产要素的边际生产力（边际物质产品）。

2. 用劳动、资本、土地、企业家才能等生产要素的边际生产力（边际物质产品）乘以根据广义价值论模型求出的单位产品价值量，即式（5-2），则可得出单位生产要素的价值贡献，如表5-1所示。在完全竞争条件下，这些要素的报酬与各自的贡献将达到一致，故就初次分配而言，这种要素报酬与要素贡献相一致的分配结果体现了公平分配原则。

表5-1　各种生产要素按价值贡献参与分配的份额

	劳动	资本	土地	管理	技术	知识	数据
部门1	$V_1^L = MP_1^L \times V_1^c$	$V_1^K = MP_1^K \times V_1^c$	$V_1^N = MP_1^N \times V_1^c$	$V_1^E = MP_1^E \times V_1^c$	$V_1^T = MP_1^T \times V_1^c$	$V_1^Z = MP_1^Z \times V_1^c$	$V_1^D = MP_1^D \times V_1^c$
部门2	$V_2^L = MP_2^L \times V_2^c$	$V_2^K = MP_2^K \times V_2^c$	$V_2^N = MP_2^N \times V_2^c$	$V_2^E = MP_2^E \times V_2^c$	$V_2^T = MP_2^T \times V_2^c$	$V_2^Z = MP_2^Z \times V_2^c$	$V_2^D = MP_2^D \times V_2^c$

四、健全数据要素由市场评价贡献、按贡献决定报酬的机制和政策

（一）市场经济本质上就是由市场决定资源配置的经济

产品市场决定最终消费品的价格和供给需求，要素市场决定生产要素的价格即功能性分配，而要素市场的需求是由产品市场的需求派生的。改革开放 40 多年来我国经济之所以实现举世瞩目的持续高速增长，其重要原因之一就是逐步实现了由传统计划经济体制向市场经济体制的转化。

自党的十八届三中全会（2013 年）提出让市场在资源配置中起决定性作用以来，我国数字经济快速发展，规模居世界第二，成为我国市场化改革最为耀眼的成就之一。近年来，中共中央、国务院为加快完善社会主义市场经济体制，又发布了一系列文件①，特别是关于数据要素市场的建设。党的十九届四中全会（2019 年）将数据与劳动、资本、土地、技术、管理、知识并列为按贡献参与分配的七大要素；国务院于 2021

---

① 其中包括《中共中央　国务院关于构建更加完善的要素市场化配置体制机制的意见》（2020 年 3 月 20 日）；《中共中央　国务院关于新时代加快完善社会主义市场经济体制的意见》（2020 年 5 月 18 日）；《中共中央　国务院关于加快建设全国统一大市场的意见》（2022 年 3 月 25 日）。

年制定了《"十四五"数字经济发展规划》；中共中央、国务院于 2022 年发布的"数据二十条"，更是对构建数据基础制度作出了全面部署，其基本精神仍然是强调市场在数据资源配置以及数据要素价值决定和收益分配各环节中的决定性作用。

（二）数据要素的价值贡献由数据要素市场评价

企业对数据要素的需求是由产品市场的需求派生出来的，也就是说，企业需要购买多少或开发多少数据要素，愿意为数据要素所有者支付多少价格或报酬，取决于数据要素的开发使用能够在多大程度上提高企业的劳动生产力，进而在产品市场上获取多少利润，所以说，数据要素对财富生产和价值创造所作的贡献大小，只能由数据要素市场（通过和借助于产品市场）来评价，数据要素的价格或要素所有者的报酬最终也是由数据要素市场通过数据要素供求双方的充分竞争而决定的。正因为如此，培育和完善健全的数据要素市场，是有效配置数据资源、公平分配数据要素收益的必要前提。

五、坚持"两个毫不动摇"依法依规维护各类数据资源资产权益

（一）民营企业是发展数字经济的主力军

我国的数字经济之所以在 2001—2018 年间，对 GDP 增长的贡献达到 3/4，既是 GDP 增长的主要贡献者，也是全要素生产率（Total Factor Productivity，TFP）增长的最主要来源，民营企业功不可没。①

首先，从宏观层面上，民营经济在 GDP 的增长、税收、专利和技术创新以及提供就业岗位等方面都已分别超过了相关指标的 50%、60%、70%、80%、90%。其次，在数字经济领域具有代表性的电子商务、移动支付、网络约车、数字金融、文娱、社交媒体等，无一不是由民营企业率先发展起来的。可以说，没有民营企业的参与，就没有我国数字经济规模世界第二的地位。

（二）全面正确理解"防止资本无序扩张"

这里的"资本"应该是中性的，既包括民营资本也包括国有资本，既包括内资也包括外资，不能一提到"防止资本无序扩张"就把矛头指向民营资本，特别是数字经济领域的一些头部企业。应该说，无论是民营资本还是国有资本，也不论是内资还是外资，以一定的规则和标准进行规范，都有可能出现"无序扩张"行为。

---

① 当然，我国数字经济的超常发展也得益于多年来政府在数字基础设施领域所做的"适度超前"的布局与投资。目前我国已建成全球规模最大、技术领先的网络基础设施。截至 2021 年底，建成 142.5 万个 5G 基站，总量占全球 60% 以上，5G 用户数达到 3.55 亿户，行政村通宽带率达 100%。应该说，这是"更好发挥政府作用"的成功体现。

然而究竟何为"无序扩张",提出这一概念并用以规范资本行为的政府部门应该对其内涵和外延给出明晰的界定,有利于在政策执行过程中避免出现扩大化的解读。如果把企业发展速度特别快,叫作无序扩张,显然是不合理的,因为任何一个国家政府都希望本国的企业能够快速发展。如果企业开拓了新的领域、新的业态,就叫作无序扩张,恐怕也不行,如果所有企业几十年一贯制,没有开拓任何新领域,没有产品、技术、组织和市场创新,又如何参与国际竞争?

根据国际经验和我国40余年来民营经济发展的实践,划定"红绿灯"的做法虽具有清晰的政策指向,也比较容易理解并执行,但如果能用"负面清单"的概念替代"红绿灯"的提法,应该会更加有利于与国际规则的接轨(参见黄益平,2023)。

(三)保护私有财产和发展民营经济绝非权宜之计

改革开放以来,公民合法的私有财产不受侵犯已经写入宪法,非公经济已经成为社会主义市场经济的重要组成部分和社会主义基本经济制度的组成部分,自党的十六大以来,"两个毫不动摇"被执政党反复确认,民营企业家和非公经济从业人员是社会主义事业的建设者,习近平总书记提出,始终把民营企业和民营企业家当作自己人。

首先,从共产党的初心和民营经济的性质看。共产党的初心和理想是要消灭剥削，实现共同富裕，最终实现人的解放和自由全面发展。根据广义价值，剥削与所有制没有必然的联系，只要民营经济与国有经济都同样贯彻了按生产要素贡献分配，都同样有助于实现共同富裕以及人的解放和自由全面的发展，民营经济与国有经济就同样是共产党的执政基础。

其次，从历史唯物主义基本原理和民营经济的地位看。我国的民营经济具有"56789"的特征，无论是从客观现实还是从宪法和法律规定上，民营经济（非公经济）都已经成为社会主义基本经济制度的重要组成部分。根据历史唯物主义经济基础决定上层建筑的原理，作为社会主义基本经济制度重要组成部分的民营经济与国有经济自然统一构成中国共产党执政的经济基础。

最后，从党的政策和民营企业家的态度看。改革开放以来，我国逐步确立了公有制为主体、多种所有制经济共同发展的基本经济制度。从党的十六大提出公民合法的私有财产不受侵犯，到党的十八大以来反复强调"两个毫不动摇"，从习近平总书记2016年倡导构建亲清新型政商关系，到2018年把民营企业和民营企业家视为自己人，执政党如此支持民营经济的发展，广大民营企业家自然会发自内心地拥护党的领导。

（四）如何才能使民营企业家真正恢复信心

然而，要从根本上提振民营企业家的信心，不再把保护私有财产和发展民营经济当作权宜之计，还必须至少做到如下几点。

一是要破除传统政治经济学思维定式，承认各种生产要素都参与价值创造，从而承认非劳动要素按价值贡献参与分配不等于剥削，剥削与私有制没有必然的联系，保护私有财产和发展民营经济与消灭剥削可以并行不悖。

二是要在社会舆论上为资本正名，澄清所谓"遏制资本无序扩张"的模糊命题，通过官方主流媒体对打压、指责、污名化民营企业（家）的言论旗帜鲜明地予以批驳；对损害企业品牌形象，侵害企业家合法权益，甚至影响了企业的正常生产经营，导致企业蒙受经济损失，企业家遭受名誉侵害的各类虚假不实信息，要及时清除。

三是赋予民营企业与国有企业在市场准入、融资、用地等方面同等的权益和地位，严厉禁止公检法介入民营企业一般民事纠纷时滥用公权，真正赋予民营企业独立自主经营的市场主体地位。

第六讲

数据要素治理：效率与安全的平衡

主讲人：刘涛雄

刘涛雄，清华大学社会科学学院经济学研究所教授、博士生导师、创新发展研究院院长、国家社科基金重大项目首席专家。曾任日本中央大学、东北大学、京都大学客座教授，美国哈佛大学肯尼迪政府管理学院访问学者等。主要研究领域为宏观与产业经济、经济增长、新政治经济学等。

（扫码观看讲座视频）

近些年来，随着互联网、大数据、人工智能、云计算等数字技术的迅猛发展，数字经济逐渐成为国家经济增长的新引擎。数据作为数字经济时代的新型生产要素，具有无形性、非竞争性、低复制与运输成本等特点，对传统产权、流通交易、收入分配与治理制度提出了新的挑战。在此背景下，为了更好地构建与数字生产力发展相适应的生产关系，充分实现数据要素的价值、释放数字经济发展的红利，我国发布了"数据二十条"。

本讲主要从效率与安全的平衡角度，探讨数据要素的治理问题。从"数据二十条"的内容来看，数据要素的治理集中出现在第五部分，但实际上，关于治理的思想直接贯穿了整个意见。其原因是相关产权制度、流通与交易制度以及分配制度的建立，实际上都是数据要素治理非常重要的各个方面。国家出台"数据二十条"，本身就是治理的手段与政策。"以数据产权、流通交易、收益分配、安全治理为重点"也反映了当前中国数据治理相关政策的走向。那么数据要素治理的核心问题是什么呢？笔者认为就是关于效率与安全的平衡。后文将对此展开详细的讨论，内容主要分为以下四个方面：一是数据要素治理的核心矛盾是什么；二是数据确权授权的治理；三是关于数据的分类分级治理；四是数据的国际治理问题。

一、核心矛盾：效率与安全的平衡

人类社会从农业经济时代、工业经济时代发展到现在的数字经济时代，生产要素不断地丰富起来，比如从最初的土地与劳动力、后来的资本与技术到现在的数据。其中，数据要素对土地、劳动力、资本与技术等传统生产要素具有放大、叠加与倍增的作用，正在推动生产方式、生活方式以及治理方式的深刻变革。表6-1比较了数据要素与土地、劳动力、资本等其他传统生产要素的部分特点。

表6-1　数据要素与其他要素的对比

生产要素 特性	土地	劳动力	资本	技术	数据
虚拟性				√	√
规模报酬递增				√	√
正外部性				√	√
负外部性					√
非竞争性				√	√
排他性	√	√	√	√	√

与其他要素相比，数据在虚拟性、规模报酬递增、正外部性、非竞争性、排他性等方面与技术较为接近，但又和技术有一个非常重要的区别，即数据具有显著的负外部性。当然，正

外部性是数据与技术都具有的特点，那么什么叫正外部性与负外部性呢？根据萨缪尔森的定义，外部性是指一种经济主体向其他主体施加不被感知的成本或效益的情形，或者说是一种其影响无法完全体现在它的市场价格上的情形。它是经济主体（包括个人或团体）从事的经济活动对他人和社会造成的非市场化的影响，即该经济活动产生的成本或收益不完全由该行为人承担。外部性表现为多种形式，包括正的外部性与负的外部性。举一个简单的例子，如果某个研究者正在使用一份数据，该数据一旦被公开，它可能对另一个团队的研究或者另一个数据的功能具有很好的补充作用，那么这就是一种正外部性。

而数据要素之所以具有负外部性这个特点，是因为数据里面包含了信息，而信息往往属于一定的主体，比如信息是个人的，我们把它称为个人数据，个人的数据在被企业使用的过程中可能会泄露私人的信息，那么个人可能会因此受到伤害，隐私泄露可能会给当事人带来很多负面的影响。这些负面影响可能很难被市场价格反映出来，即这个数据的使用者可能不会给数据提供者一定的赔偿或者补偿，这就是数据产生的一种负外部性。这种负外部性不仅仅是针对个人数据，国家层面的数据也可能存在类似的问题，比如对国家安全的影响。如大家所知，目前社会上存在着大量的人工智能产品，部分产品被用于实时地采集地理数据或者空间数据，如果这些数据被不加限制地公开使用，可能会直接威胁到国防、军事等国家安全，这也是一种负的外部性。因此，笔者认为这种负外部性是数据要素相较于其他生产要素，最具独特性的地方。当然，其他要素可能有时候也会产生一定的负外部性，但是影响没有那么强，而唯独数据要素在被使用的过程中会产生一种非常强的负外部性。这种负外部性带来的就是本讲所提及的安全问题，这个安全不仅仅是关于个人的，也包括企业、国家等各类经济活动参与的主体。因此，在数据要素的治理过程中，效率与安全的平衡非常重要。

关于数据要素的属性，我们也可以从成本与收益的角度进行分析。一种数据要素在被使用的过程中会产生何种成本呢？它的成本特性和其他的要素也不一样。数据要素可被零成本复制，这个特性与软件、技术较为接近，在经济学里被称为非竞争性。我们可以通过产权保护等方法来使它具有排他性，这在软件、技术方面已经被广泛使用并且是行之有效的方法，国家发布"数据二十条"的一个重要目标就是探索建立数据产权制度，健全数据要素权益保护制度，逐步形成具有中国特色的数据产权制度体系。

另外，数据被生成的过程中其实存在很高的成本，这也是它一个很重要的特点。例如，很多数据都是企业有意识地去收集、处理、清洗以及加工而成，经过很多道工序才生成数据。换句话讲，从这个角度来看，数据是一种生成品。当然也可能有人认为很多数据是企业生产过程中的副产品，比如一些网络购物、共享经济的平台企业，在为双边市场提供服务的同时，也生成了很多数据。又比如一家生产普通产品的企业，可能在生产的过程中也生成了很多数据，当大家把它看成是一种副产品的时候，似乎认为这个数据是不存在成本的。因为企业的成本都发生在主产品的生产上，在产品的定价、出售的过程中已经考虑了成本。因此，这种同时产生的数据似乎是无成本的，属于一种副产品，但笔者认为这种情况不是未来的主要场景。随着数字经济的蓬勃发展，数据成为一种关键生产要素，其主要来源一定不是副产品，未来，数据的生产将会形成一个庞大的产业，大量数据是有意识地生产的结果，也就是说它是一种生成品，即是一种产品，这是我们特别需要认识到的数据的属性。

传统的要素分为两类，一类可以称为自然禀赋，比如土地，它不需要我们再去进行生产。当然，我们可能需要对土地进行一些改造，使其变得更肥沃、更适合耕种，但从根本上来讲，它是一种非生成品。另一类要素不是自然存在的，需要依靠人进行生产或创造，比如资本。这两类要素之间的区别是非常重要。因为自然禀赋与生成品的区分会带来一个问题：既然是生成品，那么数据的生产，包括收集、处理和加工都是有成本的，而且在大数据时代，这种生产成本还可能非常高昂。因此，从成本的角度，数据绝不是零成本的。从收益的角度来看，数据又有一个非常典型的特点，即具有规模报酬递增的性质。也就是说，一份单独的数据，它的用处可能不大，但是多种不同类型的数据汇集到一块时，它们带来的价值可能会成倍地增加，这就被称为规模报酬递增，是传统的知识与技术共同具有的一个特点。

在理解了数据要素的一些基本特点后，我们就能够理解数据要素的治理为什么要在效率与安全之间取得平衡，这是由前文分析的数据要素的属性决定的。从效率的角度，数据可以被零成本复制，所以应该充分利用它；同时，数据要素能实现规模报酬递增，故大量地汇集数据才能最大限度地发挥它的作用，实际上"数据二十条"的内容也体现了希望数据在依法依规的前提下充分实现流转、汇聚，充分发挥其规模报酬递增的作用，这是效率方面的体现。然而数据同时也存在很强的负外部性，这种负外部性就可能产生极大的安全问题，表现为对相关信息主体的安全存在较大的威胁，所以整个治理就体现了效率与安全之间的冲突与平衡，这也是数据要素相较于其他要素而言，在治理过程中最鲜明的一个特点。

二、确权授权：数据治理的基础性制度

针对效率与安全之间的冲突，数据要素具体该怎么治理呢？结合"数据二十条"的内容，首先是大家关注的数据要素的产权问题，也即对数据要素进行确权授权，这是数据治理的基础性制度。如果没有确立基本的产权、没有划分基本的权

利界限，数据的治理就无从谈起。关于确权授权方面的问题，前面几讲已经有过详细的讨论，笔者从治理的角度补充一点。数据的确权与授权一方面要体现效率原则，这样才有利于规模经济、有利于创新，这就必须让数据市场充分地运转起来。因此"数据二十条"也在不断强调数据要素的流通与交易、怎样建设数据市场以及怎样建立清晰的产权制度，因为只有这样才能实现数据的汇聚与规模经济。但在另一方面，又有非常重要的安全原则。安全原则体现在确权过程中会涉及信息主体的问题，比如对典型的个人数据而言，可能会涉及个人隐私与权利的保护，对于企业数据、公共数据而言，可能会涉及国家与社会的安全问题，这些都是在确权过程中要体现出来的平衡。

关于数据确权的问题，以平台上的用户数据（个人数据）为例，典型的数据确权方案大体上可以概括为三类，分别为企业拥有数据产权、个人拥有数据产权与"模糊"数据产权。一种观点认为，应该让平台企业拥有用户数据，这种看法体现了效率的原则。因为企业拥有数据后，才能让数据充分地汇聚并发挥作用。另一种观点则认为，个人数据应该归用户个人所有，例如淘宝、微信等平台应保障用户个人可以随时决定数据是否被迁移或删除。这种看法则更多地体现了安全的原则，因为数据与个人信息密切绑定，出于保护个人隐私的考虑，让个人完全拥有产权是一种安全为先的原则。还有一种观点认为，为了兼顾数据使用与信息安全，应"模糊"数据的具体产权，即大家不要去强调数据归谁所有的问题，应该更多地强调数据该怎么使用，这就是重视数据在现实中的运用问题。因为数据到底归个人还是企业所有，这一问题会产生很多争议，笔者认为"数据二十条"在一定程度上吸收了这个思想，但又没有完全走"模糊"产权的路线。它认为在不同的情况下，让个人、企业、机关与企事业单位等各参与方拥有不同程度的权利，然后通过三种权利的分置使数据被充分地利用起来，即数据资源持有权、数据加工使用权、数据产品经营权三种权利。笔者认为，这三种权利的分置并不是模糊数据产权，而是适用于不同场景、不同情况之下的不同措施。从这个意义上来讲，这和前文提到的数据是生成品还是自然禀赋有很大的关系。如果我们理解了数据是生成品，其实就能够更深刻地理解"数据二十条"所提出的数据产权治理方案。

既然数据是生成品，它需要经过收集、加工等步骤才能形成。作为一种生成品，那么谁在参与数据的生产呢？主要包括两类基本参与主体，分别为信息提供者与数据采集者。例如，一个平台采集了用户的个人信息，数据则是记录个人信息的数字化载体，平台最终形成的数据包含了所有用户的个人信息，因此用户是信息的提供者，却不是数据的采集者，通常是平台在进行采集，而采集工作需要耗费大量的资源与劳动力。在这种情况下，个人虽然没有从事数据的采集工作，但作为信息提供者，也属于数据生产的参与方。既然信息提供者与数据采集者都是数据生成的参与方，笔者认为数据的生产可写成如下函数表示：

$$y = f(e, x_1, x_2, \cdots)$$

其中，y 表示生成的数据量，e 代表原始信息数量，x_1，x_2，$\cdots$ 代表其他投入数据生成的资源，包括劳动力、资本与技术等。从贡献的角度，信息提供者与数据采集者双方都有贡献，所以都应该参与数据权利或者产权的分配。"数据二十条"第五条指出"对各类市场主体在生产经营活动中采集加工的不涉及个人信息和公共利益的数据，市场主体享有依法依规持有、使用、获取收益的权益，保障其投入的劳动和其他要素贡献获得合理回报"。数据作为一种生成品，在确权授权中应体现按贡献分配的原则。同时，第七条明确指出"建立健全数据要素各参与方合法权益保护制度"，"各参与方"的提法体现了信息的提供者与收集者可能是不一致的，数据的收集者与加工者也是不同的主体，各个参与方的权利都应该得到保障。这样才能最大限度地激励大家从事数据的生产，充分发挥数据的作用。

当然，这里存在两个难点，第一个难点是贡献该如何衡量？个人提供的信息与他人收集数据投入的劳动和资本，每个参与方的贡献有多大？笔者认为，这一问题需要靠市场机制来解决，"数据二十条"第十二条也提到了"健全数据要素由市场评价贡献、按贡献决定报酬机制"。第二个难点是对于信息的提供者而言，数据的使用会对其产生负外部性，这种负外部性是数据要素生成过程中的一种成本，必须予以考虑，这方面的治理也是数据产权治理中非常重要的部分。"数据二十条"第六条指出"建立健全个人信息数据确权授权机制"，这就是考虑到了个人数据的信息提供方会受到负外部性的影响，因此个人数据的使用一定要得到相关信息主体的授权。对于个人信息提供者在数据里的产权问题，第六条进行了较多的说明。个人的权利可以进行不同程度的让渡，这也是数据产权治理中非常重要的一个方面。不同的场景会面临不同的情况，数据作为一种生成品，需要基于其生成场景对不同的主体关系进行一定的规定，可以说这是一种基于生成场景的确权与授权。我们对此也做过一些研究，比如说对个人数据、企业数据和公共数据不同的情况，信息提供者和数据采集者是不一样的，那么应该建立一些与之对应的治理机制。

同时，"数据二十条"里也有关于合约治理的说明，明确了"在保护公共利益、数据安全、数据来源者合法权益的前提下，承认和保护依照法律规定或合同约定获取的数据加工使用权"。因此要建立相应的一套法律法规，特别是在数据合约的形成方面。数据产权归谁所有这一合约的形成，首先要基于各方自愿，但绝对不能仅仅只有自愿，而是需要一个关于合约治理的制度性基础，在这个基础上才能形成合约。因为在合约形成的过程中，各方可能会面临着非常不平等的谈判地位，如果完全依靠市场机制进行，可能会直接偏向效率而使安全无法得到保障，失去效率与安全两方面的平衡。比如第六条提到要"规范对个人信息的处理活动，不得采取'一揽子授权'、强制同意等方式过度收集个人信息"，这实际上就是对合约的治理。"一揽子授权"的情形在现实中屡见不鲜，比如当个人要使用某平台 App 时，可能会被平台方要求提供相应的信息获取权限，否则就无法使用该平台的服务。在这种情况下，平台属于强势的一方，特别是那些已经有一定用户体量和占据市场势力的平台，很有可能会提出同意收集数据才会允许使用的要求，单个用户则会处于绝对劣势，所以相关部门也制定了一些以最小必要授权为原则的信息采集法律法规。"数据二十条"提出，不得采取"一揽子授权"，即不能一次性通过强制同意的方式获取所有的权利，而具体如何避免一揽子授权的问题则需要将来的制度去解决，这本质上也是一个合约的治理。"数据二十条"中也包含"建立健全基于法律规定或合同约定流转数据相关财产性权益的机制"等内容。

三、分类分级：基本治理框架

在"数据二十条"中 6 次提到"分类分级"的概念，可以认为分类分级是数据要素治理过程中的一个基本框架。为什么要分类分级以及什么是分类分级呢？意见里提到"加强数据分类分级管理，把该管的管住、该放的放开"，只有在分类分级的基础上才能把分别管什么和放什么说清楚。比如在确权授权部分提到"在国家数据分类分级保护制度下，推进数据分类分级确权授权使用和市场化流通交易"，这表明将来会建立一个国家数据分类分级保护制度，也只有分类分级才能更好地处理效率与安全的平衡，因为不同的数据在不同的使用场景下，效率与安全的矛盾表现也不同。一个最基本的分类为个人数据、企业数据和公共数据，显然这三类数据里效率与安全的矛盾是不一样的，个人数据里两者的矛盾最为突出，涉及个人信息与隐私，因此我们需要对其进行分类治理。分级则是指不同的情况下数据的受保护程度或者敏感程度是不同的，比如其中权利的分级，将是整个治理中非常重要的一个方面。

关于数据要素的治理，"数据二十条"指出，要建立安全可控、弹性包容的数据要素治理制度，要构建政府、企业、社会多方协同的治理模式。这实际上也是一种分类，明确了政府要创新治理机制，企业压实治理责任以及社会多方要发挥协同治理的作用。"安全可控、弹性包容"的总体要求体现了安全与效率之间的平衡。

当然，安全与效率的平衡也要针对不同的情况进行，一个基本的框架是分类分级，在分类的基础上进行分级，对不同的情况在监管程度上分为不同的层级，笔者认为，一种重要的分级方式是对相关权利通过分级进行界定与授权，这种方法已经在现实中被广泛使用。笔者收集了支付宝、淘宝、抖音、高德等平台的使用条款，用户想使用某个平台 App 时会被要求签订一些协议，这些协议其实就是让用户同意该平台获取相应的数据权利，这就是一个用户提供个人信息、平台收集信息形成数据的过程。平台和用户达成的协议实际上存在不同的级别，大概可以分为如下三个层次：一个层次是不予授权，即不给平台提供任何个人信息。另一个层次是如果用户想要使用平台的服务，这个服务必须要用到某些数据，那就需要授权平台可以在服务里使用自己的数据，但是不允许在服务以外的场合使用，这可以理解为"数据支持服务"。此外，用户还可以赋予平台更大的权利，允许平台开发利用该数据、对数据进行交易，这可以叫"数据支撑交易"。

以上为分级授权体系中的三个层次，每个层次里又包含不同的授权级别，笔者的研究团队曾经提出一个区分为五级（或六级）的思想[①]，如表 6-2 所示。其中，Level 0 表示无授权，即对个人信息的完全保护；Level 1 表示最小必要授权，即收集的数据只能用于提供相应服务；Level 2 在此基础上允许数据用于合约内的产品研发等活动；Level 3-5 属于更高级别的授权，它允许外部使用数据，允许数据用于交易，这三个级别的差异在于允许数据交易的程度不同。笔者认为，未来应

---

① 刘涛雄、李若菲、戎珂：《基于生成场景的数据确权理论与分级授权》，《管理世界》2023 年第 2 期。

该针对这些不同层次的权利制定一个国家标准，为各种数据合约提供一个准则，这样才能更好地实现分级授权、分类监管。

表 6-2　分级授权体系

分级层次	授权级别	级别标识	授权范围
不予授权	Level 0	无授权	无授权，或法律禁止收集转让
数据支持服务	Level 1	最小必要授权	数据最小化利用：允许收集保存；仅用于为用户提供相关服务所必需
	Level 2	内部授权	数据内部可利用：在 L1 的基础上，同意收集并允许控制人用于合约内各项产品的研发，并因此而获利；不允许向外转让数据（包括匿名化数据）以及外部对数据的访问和利用
数据支撑交易	Level 3	再交易授权Ⅰ	基于数据的服务可交易：在 L2 的基础上，允许对外部提供对数据的访问和开发利用，并因此而获利；但不允许转让原始数据
	Level 4	再交易授权Ⅱ	匿名化数据可交易：在 L3 的基础上，同意转让匿名化数据以及基于匿名化数据的开发利用，并因此而获利；但不同意对匿名化数据进行再次转让
		再交易授权Ⅲ	匿名化数据可转让：在 L3 的基础上，同意转让匿名化数据以及基于匿名化数据的开发利用，并因此而获利；同意对匿名化数据进行再次转让
	Level 5	完全授权Ⅰ	完全可交易：在 L4 的基础上，同意完全转让数据以及基于数据的开发利用并因此而获利；但不同意对数据进行再次转让
		完全授权Ⅱ	完全可转让：在 L4 的基础上，同意完全转让数据以及基于数据的开发利用并因此而获利；同意对数据进行再次转让

四、参与国际治理：重大机遇与挑战

数据要素治理中还有一个非常重要的问题是数据的国际治理，这给我们带来新的挑战与机遇。当前，数字经济的全球化已经成为经济全球化的重要组成部分，与工业时代以来的传统经济全球化不同，数字经济的全球化是一个全新的问题，大量的规则与治理体系尚未建立起来。对于数据而言，它具有零复制成本、低运输成本、规模经济等特点，因此从效率的角度出发，应该尽可能地汇集更多数据。从全球来看，数据的汇集不仅仅只有本国的数据，还需要不同国家、不同文化、不同语言的数据。例如制造一个具有自动翻译功能的机器人，可能就需要很多语种的数据汇集起来。在数字经济全球化的背景下，占有数据更多的国家或组织在数字经济里会更具有竞争力。从另一个角度来说，全球化的数字经济又会将数据负外部性引起的成本问题、安全问题加倍放大，尤其是涉及国家安全的问题会更加突出。当然，同时还会存在不同民族、不同国家之间文化与价值观的冲突，都会在数据全球化中有所体现。

在这种情况下，我们会面临一个基本的矛盾：从效率角度，我们需要全球化，数据在全世界流通能实现更大范围的规模经济；从安全角度，数据的负外部性又会在全球化的过程中进一步放大国家安全的问题。因此，效率与安全的矛盾就会使得数据在国际上的合作与治理非常困难。结合目前存在的国际形势，笔者认为，数字经济或数据治理现在正面临是走向全球化还是巴尔干化的困境。所谓的巴尔干化，是全球形成了几个局部区域，各区域内部形成自己的数据、数字经济治理体系，特别是政治制度、文化、价值观或者其他方面比较接近的国家或地区更可能形成这样的局部体系。

事实上，最近十年来世界迎来了数字经济和数据立法的高潮，例如美国的《网络安全信息共享法案》（2015 年）、《消费者数据保护法》（2018 年），还有欧盟的《通用数据保护条例》（2018 年），中国的《网络安全法》（2016 年）、《个人信息保护法》（2021 年）等。由于存在隐私泄露与国家安全的问题，国际上发生了多起国家与跨国平台之间的冲突，比如脸书（Facebook）、谷歌（Google）等跨国公司多次面临欧洲的巨额罚款，美国质疑 TikTok 和微信会对国家安全构成威胁，以及中国也加强了要求数据本地存储的执法力度，这些案例都说明数字经济的全球化面临着重大的考验。为了支持数字时代的数字经济和贸易，同时规避数字经济尤其是数据跨境流动产生的风险，一些政府已经开始致力于创建数字贸易专门的规则。例如，在欧盟《通用数据保护条例》框架之下，其他国家如果被欧盟认定通过后，则可实现与欧洲经济区的数据自由传输，目前英国、日本、澳大利亚、以色列、新西兰、韩国、瑞士等国已通过了认定。另外，美国、日本在 2019 年签署了《美日数字贸易协定》。2020 年智利、新西兰和新加坡签署了《数字经济伙伴关系协定》（DEPA），是当前最为全面和完整的区域数字经济协定之一，中国在 2021 年 11 月正式提出加入 DEPA 的申请。

总之，许多国家正在分区域地构建数字经济尤其是数字贸易领域的规则，就是所谓的巴尔干化。在这种巴尔干化的过程中，我国一定要积极地参与数字经济的国际治理，根据数据具有规模经济的特性，长期来看一定会形成全球性的数字经济组织或数字经济规则，如数据共享、流通交易的规则，这样才能最大限度地体现数据的效率。但是这个过程可能是先巴尔干化，然后从巴尔干化走向全球化，哪个国家的数字经济力量更加强大、哪个国家或者区域所形成的治理规则更加适应整个世界的需要，这样的国家或者区域就可能在数字经济的全球治理体系中占据话语权。

从这个意义上来讲，国际治理既是挑战也是机遇，"数据二十条"对此也十分重视。这是非常前沿的问题，需要我们去进行更多的探索，意见也为此保留了很大发挥空间。比如，在工作原则中提到"深化开放合作，实现互利共赢。积极参与数据跨境流动国际规则制定，探索加入区域性国际数据跨境流动制度安排。推动数据跨境流动双边多边协商，推进建立互利互惠的规则等制度安排。鼓励探索数据跨境流动与合作的新途径新模式"。在政治考量、意识形态、文化安全等各方面的考验之下，中国需要贡献更多智慧、积极参与。总体上讲，中国数字经济的规模庞大，发展潜力大，在未来国际治理中发挥更重要作用的前景可期。

第七讲

数据要素治理的国际规则与中国探索

主讲人：孟天广

孟天广，清华大学社会科学学院副院长、政治学系长聘教授、苏世民书院兼聘教授、博士生导师。兼任中国政治学会青年工作专业委员会副会长、中国计算社会科学联盟秘书长、清华大学计算社会科学与国家治理实验室副主任，入选清华大学仲英青年学者等人才计划。研究领域包括中国政府与政治、数据治理与数字政府、计算社会科学等。

（扫码观看讲座视频）

随着数字化浪潮席卷全球，数字技术正深刻影响着人们生活的方方面面，数字化已然成为各国经济社会转型的必然趋势。社会的数字化转型也驱动了治理体系的变革，对于政府而言，数据已经成为优化治理能力、完成治理目标的必要资产和工具。政府需要制定更为全面、科学的数据要素治理体系，从而更好地应对数字化转型为治理体系带来的机遇和挑战。2017年，习近平总书记在主持十八届中央政治局第二次集体学习时指出，要"要构建以数据为关键要素的数字经济。建设现代化经济体系离不开大数据发展和应用"①。2020年4月，中共中央、国务院发布的《关于构建更加完善的要素市场化配置体制机制的意见》（以下简称《意见》）更是将数据视为一种新型生产要素，与土地、劳动力、资本、技术等传统生产要素处于并列地位。2022年12月19日，中共中央、国务院印发"数据二十条"，强调数据基础制度建设事关国家安全和发展大局。

数据要素治理涵盖诸多内容，概括而言，主要涉及两个方面：一是保护数据权利，譬如数据所有权、使用权和受益权；

---

① 中共中央党史和文献研究院编：《习近平关于网络强国论述摘编》，中央文献出版社2021年版，第134页。

二是产业政策，即解决数字经济发展过程中政府和市场的关系。本讲的结构安排如下：首先，对数据要素治理进行概念界定，包括对数据要素进行概念辨析，厘清数据要素治理的系统内容。其次，阐释数据权利与安全保护的国际实践，包括不同路径下对数据权利的解读，以及中国、美国与欧盟的差异化实践。再次，梳理国际数字经济监管的背景和实践。最后，综合比较国际数据治理的模式，并再此基础上提出对未来我国优化数字治理的建议。

一、数据要素治理的定义与内涵

（一）数据要素的定义与特征

2010 年以来，世界主要经济体纷纷制定了各自的数字化转型发展规划。我国于 2021 年出台《中华人民共和国国民经济和社会发展第十四个五年规划和 2035 年远景目标纲要》（以下简称"十四五"规划）。"十四五"规划用四章篇幅来阐述中国对数字化发展的展望和战略规划，具体包括迎接数字时代，激活数据要素潜能，加快建设数字经济、数字社会、数字政府，以此推动生产生活方式和治理方式的变革。这些规划内容体现了中国对数字化发展乃至数字文明的理解。从宏观意义上看，"十四五"规划中提出的数字化发展四项任务，其底座是数据要素治理，即"数字生态"。数字生态的内涵包括了数据要素治理体系的标准规范、数据安全、数据资源的流通交易、数字经济、数字政府乃至数字社会发展。"十四五"规划充分阐明了数据要素治理体系在国家发展战略中的基础性地位。

那么，何为数据要素呢？对数据要素的定义需要从数据和要素两个维度展开。目前，国内外学界和政策界已从多个角度对数据进行了概念阐释。我国在 2021 年发布的《数据安全法》中，将数据界定为任何以电子或者其他方式对信息的记录。国际标准化组织（ISO）将数据视为信息的形式化体现，便于交流、理解和处理。欧盟 2018 年颁布的《通用数据保护条例》（General Data Protection Regulation，GDPR）将个人数据（Personal Data）定义为能够直接或间接识别自然人的任何信息。其对个人数据的定义也聚焦于其内容——信息。由此可见，数据是信息的数字化表现形式，信息可以以数字形式生成、传输并储存。

"要素"一词最初来源于经济学，它指的是生产经营活动所需要的各类资料，例如被视为三大生产要素的资本、劳动、技术。近年来，人工智能、区块链、云计算等新兴业态的出现，加速了传统产业迭代转型和社会运行机制演变，由此诞生了数字经济、数字政府、数字社会等全新现象和领域。数字经济的快速发展自然需要新的生产要素。在 2020 年发布的《意见》中，明确阐述了数据作为一种新型生产要素，在数字时代具有强大的经济潜能，它不仅可以创造经济财富，而且可以参与内容的分配。与此同时，在数字化转型、数字政府和数字社会的建设中，海量数据资源的收集、共享和交换也必不可少，数据成为推动经济社会发展的关键性要素，其治理价值被不断发掘。对于国家而言，将数据视为一种要素，可以更好凸显其在经济发展和国家治理中的意义。

（二）数据要素治理的内涵

数据要素对政府而言具有三方面的治理价值：第一，数据培育政府数字治理能力。在"一切皆可数"的数字化浪潮中，数据成为政府融合数字空间与现实社会的重要桥梁。以数据要素为基础，运用大数据、人工智能等方式分析数据，政府能够更加全面地掌握经济社会运行规律，预测、研判潜在社会风险，增强政府的社会监督管理能力。第二，数据要素优化政府内部工作流程。借助数字技术，对数据要素的分析与利用可以改善政府的决策流程，优化政府的决策目标，提升政府治理效率和精准度，判断政府治理效果，便利政府施政评估。第三，数据要素提升政府科学决策水平。数据要素精准、动态地反映社会生活的运行状态，提高了政府对社情民意和社会风险的敏感度和反应度，为科学决策提供数据依据。

数据要素治理制度涉及三个维度。第一，将数据要素视为治理"对象"。数据要素是新的生产要素，同时也是新的社会现象，这也是"数据二十条"讨论的核心内容。第二，将数据要素视为治理"手段"。这一点更多体现在数字政府建设，或者数字社会发展上。第三，将数据要素视为治理"空间"。这也是数据要素治理中非常关键的一个维度。"十四五"规划强调了数字空间的经济活动治理，如数字空间的权利保护、打击垄断及不正当竞争行为等。

从系统上看，数据要素治理包括三个内容。对数据的治理、对数字空间经济活动的治理，以及全社会数据资源的互联互通。其中，数据的互联互通是数据要素治理体系中的核心特征。数字化的全面协同和部门间流程再造使得数据能够被用于会话、决策、管理和创新，这构成了治理机制的核心理念。这一理念在2015年国务院发布的《促进大数据发展行动纲要》中被提出，2021年发布的《"十四五"数字经济发展》则系统阐述了这一理念，特别强调对数据要素的监管，包括协同监管、全链条全领域监管、触发式监管、税收监管等。由此可以清晰地看出，我国对数据治理存在着平衡监管和发展的逻辑。

"数据二十条"系统地阐述了政府、企业和社会协同构建数据要素体系的理念和逻辑。比如政府的角色是建立数据联管联制、数据要素生产、流通使用全过程监管服务的机制，以及数据流通监管制度、数据安全认证制度等。企业的角色是建立面向数据商和第三方专业服务机构的数据流通、交易承诺制度，以及遵守《国务院反垄断委员会关于平台经济领域的反垄断指南》（以下简称《反垄断指南》）和承担数据安全责任等。社会维度则强调社会力量的多方参与，包括行业协会、消费者协会等，并强调行业规则的形成，构建数据要素的市场信用体系以及投资和仲裁的公证体系等。也就是说，"数据二十条"的底座是数据要素治理体系。这充分说明了数据要素在市场化、要素化、资产化过程中的基础角色。

二、数据权利与安全保护

（一）数据权利的内涵：基于"人格权"和"财产权"路径分析

在数据要素治理体系中，数据权利的归属和隐私安全保护是两个高度关联的议题，对数据权利类型及其归属的判定方式会直接影响到隐私安全保护的重点，从而形成某种特定安全保护路径。

从法理上看，数据权利指的是主体以某种正当的、合法的理由要求或吁请承认主张者对数据的占有，或要求返还数据，或要求承认数据事实（行为）的法律效果。对数据权利的确定，目前既有的实践形成了两个路径。

第一个路径是人格权，这一路径的法理学视角明显。数据的人格权包括知情同意权、修改权、被遗忘权、限制处理权等，对应的是数据内容中有大量的个人的隐私信息。根据

《中华人民共和国民法典》的解释，个人的隐私信息属于人格权，它不可转让、不可被消费，这是人格权对数据权利的解释路径。在日常实践中，大量的数据要素在市场化资产化的过程中会出现海量的数字痕迹，对消费者和数字产品的用户而言，因数字活动产生的数字痕迹通常包含了大量的个人隐私信息，如年龄、性别、职业、爱好等，这些内容均属于人格权的范畴。

第二个路径是财产权。数据财产权包括所有权、采集权、使用权、收益权等，这一路径更重视数据的经济属性和财产权益保护。从约翰·洛克（John Locke）在《政府论》（*Two Treatises of Government*）中提出"财产理论"（以拉丁文"proprius"一词为基础）的经典观点开始，财产权成为解决传统要素确权的核心路径，比如资本、知识产权等。对于传统要素而言，谁生产谁就拥有资产和资源，这与人格权所涉及的人的人格、隐私、特质、肖像等天然不可转让的内容有所不同。以财产权的路径确定数据权利需要明确下述两个问题：数据持有者是谁？数据如何产生？关于前者，"数据二十条"明确提到，数据持有者包括政府、企业、个人等。后者则涉及数据的生产方式。

数据从无到有产生主要包括以下四种方式：一是数据生产者自身记录的数字化痕迹，政府、银行、企业、个人等数据持有者自身存在和运行过程中所自发产生的数据，这些数据属于

"自有数据"，仅限自身生产管理，不涉及其他主体。例如政府的政务数据、企业的内部管理和流通生产的记录等，分别属于政府、企业排他所有权的数据。

二是用户授权的数据。通过用户授权，数据持有者在授权范围内记录所生成的个人信息，例如个人在数据持有者网站和移动客户端上注册成为其用户时所提供的姓名、手机号和身份证号等信息。个人信息与其他数据要素不同的是，其存在并不依赖数据持有者所拥有的数字设备设施。

三是用户使用产生的数字化痕迹。包括用户浏览、搜索、消费等使用数字产品与设备时产生的记录。数字痕迹有两大特点：第一个特点是数字痕迹的生成虽然源于用户的主动行为，但其行为目标主要是为了获取服务，而非创造价值。第二个特点是数字痕迹的存在必然需要数据持有者所提供的数字产品、服务与设备，后者无法独立存在。结合上述两大特点可以发现，在一定意义上，数据持有者的贡献更为重要，因为用户的主动行为是使用数据持有者的服务，并从中获益。由于数字痕迹的经济价值很高，且不属于硬数据，因此其权利究竟归属于平台还是个人争议较大。

四是衍生数据，它是数据持有者用专业的知识技术、设备对数据进行加工制造产生的结果，是一种衍生品，产权比较明晰，谁生产，谁就持有它。这类数据要素之所以能够存在的关键在于加工创造，对数据加工创造出具有经济、社会与治理价值的知识，推动社会经济发展。

（二）数据权利和安全保护的差异化国际实践

在人格权和财产权两种视角下，不同国家形成了数据要素治理的差异化实践模式。欧盟更强调"人格权"的数据确权路径，因而特别重视个人隐私权利的保护。欧盟提出了明确的权利界定和归属方式，通过统一立法对个人数据进行了强力的人格权保护，其法律管辖范围甚至可以突破欧盟地域限制，这与欧盟本土数字企业较弱、国外（尤其是美国）互联网平台市场份额占比高、欧洲公民权利保护传统和意识强有密切关系。

与此同时，欧盟数据保护的立法形式不断地强化，从"建议""公约""决议"再到"指令"和"条例"，呈现出法律效力从弱到强、法律规则从一般到特殊再到抽象、立法体系从碎片化到一体化的渐进特征。尤其是被称为"史上最严格的数据和隐私保护条例"——《通用数据保护条例》的出台，它对"个人数据"的权利界定有非常强的影响力，在国际社会产生了广泛影响，许多后发国家都采取了欧盟数据保护的模式。欧盟的《通用数据保护条例》赋予了数据主体七项基本数据权利，包括知情权、访问权、修正权、被遗忘权、限制处理权、可携带权和拒绝权。我国过去较少关注可携带权，但是近期平台之间的诉讼，尤其涉及反垄断的诉讼，便涉及数据的可携带权。例如腾讯拒绝抖音内容在其微信平台分享而被起诉。

与欧盟不同的是，美国的数据权利保护更遵循产业政策逻辑。美国政府长期与美国科技企业有密切关联，更强调支持科技企业，因此在强调数据"财产权"属性的同时，并未抛弃对数据中个人信息和隐私的保护，试图在鼓励产业创新和个人权利保护之间寻求平衡。在具体措施上，美国已经产生了大量涉及数据权利的联邦诉讼，但是没有形成统一立法，因此它所实践的是一种产业导向的拼凑式立法模式。一方面，通过分散立法加行业自律的方式进行数据权利的保护，在鼓励科技协同创新和保护公民权利之间达成平衡。另一方面，在联邦层面没有隐私保护的统一立法，更多是诉诸不同行业已经形成的隐私法案和隐私条款。尽管联邦层面尚未有统一的数据权利保护法案，各个州层面逐渐开始了一些探索。由于美国特别强调行业约束和行业自律，通过这样的方式可以推动行业自我约束和规范，美国政府在其中更多扮演了指导员和监督员的角色，例如美国政府会通过联邦贸易委员会或者跨州贸易协会起诉平台公司和科技公司，以此约束这些科技公司对个人数据的滥用行为。

2022年我国一项全国性的问卷调查结果显示，超过80%的受访者在使用各类数字平台时更关注隐私泄露和信息盗用问题，其中隐私信息主要包括个人基本信息、人际关系信息和经济信息。与此相对应的是，中国公众对数据权利的理解更侧重于与个人紧密相关的信息，而对自己在互联网空间留下的数字痕迹的关注度相对较低。这也为我国数据要素权利保护体系的制度建设提供了经验启发。

目前，大量用户已经在数字经济发展中感受到隐私泄露和信息盗用的风险，这突出了安全保护在我国数据要素治理中的重要性和紧迫性。因此，我国的数据要素治理有两个显著特点：一是偏重个人信息保护的数据权利法案，二是偏重个人信息保护的法律体系。我国在 2016 年 11 月制定了《中华人民共和国网络安全法》（以下简称《网络安全法》），规定了网络环境下个人信息保护的原则。2021 年 8 月《中华人民共和国个人信息保护法》（以下简称《个人信息保护法》）经全国人大常委会表决通过，这是我国个人信息保护领域的专门性法律，在立法形式上更接近欧盟。部委层面和地方层面都在推动数据权利保护的一系列部门规章和地方条例的形成，很多地方政府出台了地方性的数据条例、数据管理办法。2019 年 4 月，公安部网络安全保卫局等部门发布《互联网个人信息安全保护指南》。2021 年 3 月，国家网信办等四部门出台《常见类型移动互联网应用程序必要个人信息范围规定》。浙江、广东、北京、上海、贵州等省市陆续发布数据管理办法，从职责分工、数据编目、数据流通、数据安全等方面开展地方创新。

我国的数据安全保障体系逐步制度化，在数据要素治理体系中着重强调两个层面的安全，一是个人层面的安全，主要指信息保护、隐私保护。二是公共、国家层面的安全，侧重指《数据安全法》中强调的在坚持总体国家安全观的基础上，确保数据处于有效保护和合法利用的状态。

三、数字经济监管与反垄断

（一）数字经济监管的背景

对于数据要素而言，除了经常见于讨论的虚拟性、非竞争性、排他性，以及非常重要的非军事化特性外，其另一个很重要的特点就是数据要素具有规模效应。不同的规模导致的经济社会价值高度不一致，即数据经济价值受到数据占有体量、结构、维度等方面的影响。如个体自有的数字化痕迹，它的经济价值较低，而平台公司拥有的海量用户数据，其经济价值会随规模效应而剧增，使用维度越广，经济价值越高。

数据要素的规模效应引出了理解数据要素治理跨国差异的另一个维度，即产业政策。这一维度主要涉及对数字经济的监管和反垄断，包括处理政府与科技公司的关系、政府在数字经济发展中的市场角色等问题。数字经济具有信息交流速度快、各模块间融合性强、影响程度大等特点，数字经济中的风险经常会被快速扩大和传播，引发公共风险和公共恐慌，进而导致整个数字经济产业出现危机。加入数字经济平台的主体越多，带来的网络经济效应越明显，风险不确定性也越大，数字经济监管体系面临的挑战也就越大。与此同时，新技术、新产业以及新商业模式不断涌现，这些创新增加了数字经济市场的不确定性，进一步加大了数字经济有效监管的难度。

近年来，中国、欧盟、美国等世界主要经济体都纷纷兴起了对数字经济的监管。欧盟长期以来重视对数字经济的监管，早在 2000 年便颁布了《电子商务指令》（Electronic Commerce Directive 2000）。2018 年 5 月，欧洲数据保护委员会（European Data Protection Board，EDPB）成立，该机构主要对本区域的数字平台信息安全进行司法监管，以维护用户的数据安全。2020 年，欧盟委员会提出《数字市场法》（Digital Markets Act，DMA）与《数字服务法》（Digital Services Act，DSA），2022 年 7 月，欧洲议会以压倒性多数通过上述两项法案，这两项法案共同构成了当前欧盟数字平台规制的"一体两翼"。美国下议院在 2020 年发布了《美国数字经济的反垄断报告》（又称《数字市场竞争调查报告》，Investigation of Competition in the Digital Markets），自此连续多次提出关于数字经济监管的法案。美国的这一举动凸显了数字经济发展到当下，面对数据要素的使用和基于数据要素形成的市场竞争现象，迫切需要新的政府监管体系或者治理体系。

（二）平台经济反垄断

在对数字经济的监管中，反垄断是一项重要的内容。平台经济是一种典型的双边市场（Two-sided Market）或多边市场（Multiple-sided Market），具有下述四项特征：第一，平台可通过技术规模效应解决或缓解产品或服务的高成本约束，使成本增长无限趋于零。第二，平台以信息流为纽带将不同市场有效地连接在一起，集聚形成新的业务流程、产业融合及资源配置模式，表现出实时高效的特征。第三，平台产品或服务对用户的优势随着用户数量的增加而增加，出现一种"用户产生用户的情景"，形成网络效应。这种网络效应具有很强的外部性，新入者或其他中小平台想要突破大型平台的规模或流量的可能性微乎其微。第四，大型平台的用户容易忽视平台成本的提高或对成本变化的漠视，出现使用成本提高后依然选择坚持使用当前平台的现象，出现用户锁定效应。

平台经济的上述特征表明，除传统的垄断之外，平台经济也产生了一系列新型垄断。而面对大量的新型垄断，政府监管能力和监管体系处于缺位状态，导致出现大量围绕平台新型垄断的诉讼。从这个意义上看，欧盟实施了最全面严苛的平台经济反垄断法律体系。欧盟在《数字市场法案》中提出了"守门人"制度，即所有自认为应被归为"守门人"的大型互联网企业要主动向欧盟委员会申报。欧盟委员会在 45 个工作日内会确认这些企业是否符合相关标准。根据该法案规定，作为互联网巨头的"守门人"有四项主要义务：应在特定情况下允许第三方与自己的服务进行交互操作，应为在其平台上投放广告的公司提供业绩衡量工具、进行独立核实所需信息，应允许其企业用户在其平台之外推广服务并与客户签订合同，应为其企业用户提供访问其平台的数据权限。《数字市场法案》和《数字服务法案》都对存在系统性不合规行为的平台采取了系统性整顿和监管措施，弥补了传统的反垄断法案在面对新型平台商业模式时约束失灵的地方。

美国过去特别强调扶植科技产业。近年来，美国出现了从相对宽松到审慎监管的转向，但美国仍然没有形成联邦层面的监管体系，这很大程度是受到其国内产业政策的影响。美国长期以来与大型科技巨头有密切联系，这些大型跨国科技企业也是美国推行全球数字战略的重要支撑。随着谷歌、脸书、推特等大型数字巨头在欧盟地区不断遭遇反垄断调查，美国开始担忧大型科技公司的垄断现象，尤其是立法机构认为这些巨头可能会阻碍初创企业参与公平的市场竞争，降低市场活力，损害美国的自由和隐私保护的传统，而现行的反垄断法无法对平台经济的垄断现象形成有效监管。美国个别议员主张拆分数字巨头，包括要求大型科技公司将其互联网生态向竞争者开放，但这会损害美国数字经济的全球引领性，这也会危及美国科技公司垄断性的角色。近年来，美国出现了一个"新布兰代斯学派（New Brandeis School）"，它强调反托拉斯法不仅要维护国家的经济自由，而且是构建民主社会的重要手段。在这股思潮影响下，美国众议院司法委员会于 2020 年 10 月发布了长达 449 页的《数字市场竞争调查报告》。该报告指出谷歌、脸书、苹果、亚马逊等四大科技巨头存在垄断行为，对科技巨头的互联网垄断提出巨大忧虑，认为这些巨头们不仅影响了初创企业的竞争，减少了市场创新和消费者选择，而且损害了美国的政治、文化、新闻自由和个人隐私保护传统，应对其实施更严格的监管并对其实行"结构性分离"。

我国数字经济监管体系渐趋规范化。2019 年以来，我国发起了 20 余次反垄断调查。此外，2019 年 1 月生效的《中华人民共和国电子商务法》（以下简称《电子商务法》）、2019 年 8 月出台的《国务院办公厅关于促进平台经济规范健康发展的指导意见》、2021 年 2 月出台的《反垄断指南》以及 2022 年 7 月修订的《反垄断法》，共同构成了我国反垄断的处罚和治理体系，这一体系也在实践中不断规范化和制度化。围绕平台经济的反垄断治理体系和治理工具形成了反垄断操作实践，但未来需清晰界定"相关市场""市场支配地位""算法垄断"等问题，为平台经济反垄断提供制度保障。

四、数据治理模式的国际比较及中国创新

中美欧的数据要素治理体系存在显著区别，其中涉及各国的政商关系、政治体制以及文化的差异。欧盟是转型中的强政治实体，它有长期的人文传统。因此，欧盟采取的治理路径是以保护公民权利或者数据权利为主，强调强监管，采取的治理方式是统一立法，在欧盟范围内适用的法律体系，而且立场非常严苛，已经发起了多次针对全球科技巨头的罚款和调查。其目标是形成欧盟区域的数据要素治理体系、数字经济体系。欧盟通过强监管来培育欧盟自身的创业型的科技公司，打击以美国为主的全球数字巨头，同时获取在国际经济博弈中的主导权。

美国是先发强国，有很强的政商融合传统。在联邦制下，美国联邦政府和州政府分权而治，迄今为止，美国采取分散立法模式进行数据权利保护的立法实践。与此同时，美国数字产业发展蓬勃，互联网平台巨头众多，国家高度重视数字技术的创新和数据要素的价值，在数字监管领域，美国长期以来秉持"市场优先"的原则。美国的全球数字战略中，科技公司是重要的实践者和支撑者，为了维持美国数字经济在全球的主导地位，现行的监管体系更多倾向于平衡产业创新与权利保护。这一政策倾向也体现在美国对平台经济的监管和反垄断中，美国

对科技垄断企业的监管仍关注于现存的平台垄断现象对初创企业发展的阻碍。

我国作为后发国家，数字经济发展迅速。我们采取的数据要素治理措施不限于"数据二十条"，在《"十四五"数字经济发展规划》中也强调均衡发展的重要性、强调构建协同治理的数据要素治理体系、形成立体化的监管体系，尤其是跨部门、多层级的政府与行业协会协同监管体系，以实现我们在数字经济领域的弯道超车，尤其是要形成具有国际引领性的数字要素治理体系。

现有的数据要素治理理论模型主要侧重两种视角，第一种是权利的视角，第二是产业政策的视角。欧盟的数据要素治理体系以数据权利保护为主，美国则以产业政策的视角为主，是产业逻辑为主的治理体系。

我国数字经济发展迅猛，《"十四五"数字经济发展规划》已经明确提出要建立和数字经济持续健康发展相适应的治理方式，制定更加灵活有效的政策措施，创新协同治理的模式，加快建立全方位、多层次、立体化的监管体系，牢牢把握数字时代赋予的宝贵机遇。所以我们未来应该将创新和监管有效地结合起来，将权利保护和产业政策逻辑相平衡，形成一种均衡发展的中国数据要素治理体系。这对很多后发国家亦具有适用性。

数据要素治理是一项系统性工程。随着社会经济数字化转型的深入，如何系统推进数据基础制度的建设，规范数据管理、使用和保护，使数据资源可以被更好应用于社会治理和经济发展，是当前我国推进数据治理工作的核心任务。目前，我国在欧盟和美国之外，形成了一条不同数据要素治理体系。这一体系强调政府、企业和社会的合作与均衡发展，将产业政策和法律保护的工具体系有机融合，更具有包容性和协同性，既推动了产业创新，又保障数据所有者的权利。

对于我国而言，未来的数据要素治理一方面要强调产业创新，另一方面也应注意保护公民的数据权利。"数据二十条"的出台表明，我国正逐步形成多主体协同的数据要素治理的体系。从权利的视角出发，应坚持个人隐私保护的底线原则，同步推进法律法规的制定和完善。在微观层面，应推进对消费者和生产者的数据权益保护；在宏观层面，应强化社会的监督，政府监管机构应推进主动监管并持续完善监管体系。从产业进步的角度出发，在微观层面，应凸显科技政策和科技企业本身的社会责任角色；在宏观层面，应优化政策对数字产业的引导模式。从伦理的角度出发，应强化行业的自我伦理约束，着力推进个体层面的职业伦理守则，如加强对数据规划师、数据分析师的职业伦理培训，在整个行业层面形成以科技社群为主体的自我监督氛围。

第八讲

数据要素市场体系和数据产业生态

主讲人：戎珂

　　戎珂，清华大学长聘教授、博士生导师，清华大学社科学院党委副书记、经济所副所长，清华大学全球产业研究院副院长，清华大学创新发展研究院副院长，国家社科基金重大项目首席专家。研究方向为商业生态系统、创新生态系统、数字经济和数据生态。

（扫码观看讲座视频）

2022 年 12 月，"数据二十条"正式颁布，整个文件起草和修订工作历时近两年。"数据二十条"颁布之后，数据产业如何发展？需要什么样的商业模式？如何兼顾安全与发展？这些问题都成为下阶段非常关键、也不能回避的问题。

从农业文明时代到工业文明时代，再到数字文明时代，每个文明时代都有第一要素。在农业文明时代，土地是第一要素，在工业文明时代，资本和技术是第一要素，但在数字文明时代，数据是第一要素。谁掌握第一要素，谁将引领这个时代发展。[①]"数据二十条"的颁布具有重要历史意义，有利于我国掌握数字文明时代的第一要素——数据要素，引领数字文明时代发展。

一、数据产业生态和数据要素市场体系解构

（一）数据产业生态解构

数据产业不仅仅是一个产业发展问题，更是一个产业生态

[①] 戎珂、黄成：《掌握数字文明时代第一要素　迈向社会主义现代化强国》，2023 年 3 月 17 日，见 https：//www. ndrc. gov. cn/xxgk/jd/jd/202303/t20230317_1351340. html。

问题。根据商业生态理论，我们将数据生态定义为：围绕数据产业发生交互的各类组织、企业和个人共同支撑的一个数据产业共同体。数据生态中的成员囊括了政府、行业协会、供应商、主要生产商、竞争对手、客户等一系列利益相关者（Stakeholders），这些生态伙伴在整个生态共同演化（Co-Evolve）中，分享愿景，发展解决方案，相互建立信任，从而形成命运共同体；而生态的核心企业（Ecosystem Focal Firm）将在整个过程中起到关键的主导、协调和促进作用。

不同于商业生态，在培育数据生态中，有很多特殊问题需要解决。例如，数据如何确权、授权，数据市场体系如何规划，数据交易模式如何完善，数据定价、数据市场监管，数据收入分配，甚至数据跨境流通，以及所有利益相关者在生态中发挥什么作用等等。为了弄清这些问题，我们将数据市场体系分为三级市场，分别研究各级市场如何建立、如何发展。

（二）数据要素市场体系解构

数据的价值具有很强的场景相关性。基于市场调研，我们归纳出与数据交易和应用具有高度相关性的三个特定场景，因此将数据市场划分为三级市场。其中，一级市场是数据授权市场，用于解决数据怎么来的问题，即数据从 0 到 1 的问题，包括数据如何确定权属，如何授权流通和使用，以便于后续各种场景下数据的安全和流通，如何规范权益等问题。二级市场是数据交易市场，用于解决数据怎么流通的问题，即数据从1到N的问题，包括原始数据，以及经过一定程度加工数据的交易。二级市场包括以数据交易所为典型代表的场内交易市场，以及正在如火如荼进行当中的场外交易市场，如何更好地规范二级市场，以及促进二级市场的发展成为关键问题。三级市场是数据产品和数据服务的市场，也是一个千变万化的市场，用于解决数据怎么应用的问题，即数据从N到正无穷的问题。三级市场交易的已经不是数据本身，而是数据产品和服务，因此和应用场景高度相关，不同的应用场景对数据的需求千差万别，进而驱动数据产品和服务的不断演进。

为便于理解，可以类比于金融市场对股票交易市场的分级。其中，数据一级市场类比于股票一级市场。股票一级市场主要是进行首次公开募股（Initial Public Offering, IPO），即生成股票，让市场可以进行后续交易。同样地，数据一级市场是数据产生的市场，即数据确权加授权同时发生的市场，让市场可以进行后续的数据交易。数据二级市场类比于股票二级市场，股票二级市场主要是对上市后的股票及其相关衍生品进行市场买卖交易。同样地，数据二级市场是授权后的数据进行市场买卖交易，促进数据进一步交易和流通，因此需要场内场外不断做大。虽然金融市场并未定义股票三级市场，但从实践来看，对股票衍生出来的后续市场客观存在，且各种金融创新产品促进了产业发展，因此，可以将数据三级市场看作是数据价值释放的市场，即以数据产品和服务的形式赋能产业发展。[①]

二、数据要素市场体系的构建

构建数据要素市场体系是"数据二十条"落地的关键，因此必须分别讨论数据一、二、三级市场如何构建的问题。数据三级市场的划分依据不仅是数据交易和应用中高度相关的特定场景，也是数据价值链的三个关键阶段。围绕数据价值链的三个阶段，政府、企业、开发者社区、个人等主体产生交互，进而形成数据产业生态。各类主体随着产业的演变和创新发展而动态演化，反过来，各类主体的能力和相互关系的动态演化也促进产业的演变和创新发展。

（一）一级市场：数据确权和授权市场

数据一级市场本质上是数据产生的市场，解决数据从 0 到 1 的问题。因此，数据一级市场也是一个基于数据生成场景的市场。在不同生成场景中，各主体对于数据要素生成的贡献大小、贡献方式都不同，凝结着异常复杂而多元的利益诉求，因此必须根据多元利益主体在特定的社会时空下交互并形成数据

---

① 关于数据三级市场的详细解构，详见戎珂：《构建多层次多样化数据市场体系》，2022 年 4 月 13 日，http：//theory.people.com.cn/n1/2022/0413/c40531-32397872.html。

的过程来确权。当前，关于数据权属的争论十分激烈，以平台和用户交互生成的数据为例，平台认为自己贡献了大量的人力、物力和财力来建设和维护平台，而用户在平台上的行为对数据的贡献较小，因而认为平台理应对数据生成的贡献更大。反过来，用户认为数据的核心价值还是用户行为，没有用户使用的平台只能是"巧妇难为无米之炊"，因而认为用户对数据生成的贡献更大。这样一来，平台和用户之间关于数据产权归属问题便难以协商，即便平台和用户都认可数据归多方共有，但只要权属和利益归属不界定清晰，就会给数据的后续交易和利用带来极大成本。

既然数据的生成强烈依赖于生成场景，且明确是多方贡献，那么首先可以确定的是数据归贡献生成的多方共有。在此前提下，只需要解决各贡献主体对数据初始所有权的划定问题。我们的研究表明，初始所有权的确立可以通过参与主体之间分散的市场化契约完成，且数据分级授权作为一种协商机制能够以较低的协商成本与监管成本实现数据确权，具有高效性与可行性。[①] 关于如何分级授权，以淘宝上的数据为例，淘宝上的数据有很多个利益相关方，包括淘宝平台、卖家、买家、物流企业等，都为数据生成作了一定的贡献，如淘宝贡献平台收集、存储、分析数据，卖家贡献了订单记录数据，买家贡献

---

① 刘涛雄、李若菲、戎珂：《基于生成场景的数据确权理论与分级授权》，《管理世界》2023 年第 2 期。

了购买行为数据，物流贡献了物流流转数据。由于淘宝平台是数据生成的载体，也是数据采集的平台，因此，在现实生活中，当数据生成后，真正使用数据一般都是淘宝平台本身。与此同时，对用户而言，其在平台上生成的数据几乎没有使用价值，反而对平台具有很高的使用价值。这样一来，当数据天然在平台生成和事实上对平台更有价值，但原理上又是多方贡献生成的前提下，就适合采用授权机制将数据的部分权益授权给平台方，并且为了降低交易成本，还应该在数据确权的同时就实现授权，将数据权属进行转移。

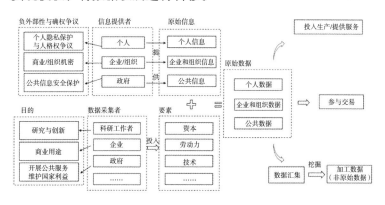

图 8-1 典型数据生成场景

当数据转移到最有生产能力的平台上后，数据平台可以通过数据分析等加工获得收益。对于收益的分配，必然会面临一个问题：这个授权方案到底公不公平？能否保证其他数据生成主体的权益，特别是用户的权益？以 App 上的浏览和查询为例，当前用户的数据授权给平台后，主要用于提高用户浏览和查询的匹配效率，即通过与授权数据相关的服务来反馈用户，并将这种方式视为等价交换。然而，有些人会觉得这并不等价，理由是这种等价并不是双方共同认可的，而是平台单方面认可的。实践中，每个用户对自己贡献的数据定价都是不一样的，如何解决这个问题呢？我们的思路是通过数据分级授权来解决。一般情况下，大多数用户都愿意在一定程度上授权数据，即代表用户认可这种交易方式和定价方式。换言之，用户对数据授权的等级等价于其从平台获得的收益。对于这类用户，核心在于数据授权需要通过分级来满足各类用户需求，即不同需求的用户对授权的等级有可选择权，与之对应，授权后的数据可以与授权相匹配的程度被使用。首先，由于数字经济时代的大部分需求都必须依赖数字化工具来解决，以百度地图为例，如果完全不授权地理位置信息和目的地信息，百度地图就难以满足用户最基本的导航需求，因此用户至少应授权与改进其服务相匹配的等级。然后，如果用户需要通过百度地图打车，则需要授权百度地图将数据转移给打车平台，这就相当于数据进行了另外一次交易。进一步，如果用户不仅需要打车，还需要百度地图帮助精准匹配和筛选出符合个性化需求的产品和地址，那就需要用户进一步授权其收入、爱好等数据。

此外，还有两种极端情况需求也应该得到满足。第一种是有一些用户极度在意个人隐私，宁愿不获得任何便利和收益也要保护自己的数据安全和隐私，进而会选择完全不授权或最小必要授权。由于数字经济时代几乎所有场景都是数字化的，包括打车、旅行等需求都需要依赖数字化平台和产品，在这种情况下平台要求完全授权是非常霸道的。因此，用户应该有权力在拒绝授权任何数据的前提下，仍然能使用平台最基本的数字化服务。例如百度地图的用户可以在不授权任何数据的前提下查看世界地图。第二种是有些用户完全不在意自己的数据隐私和安全，只希望获得最好的服务和最高的收益，进而会选择完全授权，可以归类为授权支撑交易，即授权的数据允许平台再次转让，以获取更高的收益，平台获得的收益可以根据授权数据的价值量给予用户 VIP、红包等收益反馈。

通过上述机制设计，实现了基于场景分散化协商和较低协商成本的统一，其优势至少包括四点：一是大大降低了双方在协商过程中所花费的时间与精力，二是有利于价格机制发挥作用，三是简易可操作，四是方便政府履行监管职责。此外，我们还采用经济学建模的方法论证了该机制设计对用户和社会福利的影响。研究结果表明，实行分级授权的确能有效促进用户和社会福利的提升。[①] 事实上，这种商业模式已经在现实生活中进行了，比如"按服务功能授权"等。

由于用户相对平台而言议价能力较低，因此即便已经证明了数据分类分级授权机制有效，但仍然还有人会质疑这种机制

---

① 戎珂、刘涛雄、周迪等：《数据要素市场的分级授权机制研究》，《管理工程学报》2022 年第 6 期。

在现实操作中的公平性。为解决这个问题，除了法律约束外，还可以让市场机制来解决。例如，用户需要平台提供某个服务功能，A 平台只要用户授权三类数据，而 B 平台需要用户授权十类数据，对用户而言，这就类似于一种市场价格调节机制，即在平台提供同等服务前提下，授权数据类别越多，可视为获取这种服务的价格越高，反之则越低。因此，在该案例中，用户一般会选择 A 平台，排除 B 平台。这便是市场通过价格机制来实现竞争和定价的原理。

除了个人数据之外，上述机制也适用于企业数据、自然数据、组织数据等。比如某人要测量北京市的水文数据（自然数据），那他首先必须要经过政府主管部门的授权；再比如某人要去做一个组织的数据项目，那他也需要先得到这个组织的数据授权等。这种授权可以是签合同的形式，也可以是类似契约的其他形式。因此，在不同的场景下，各市场主体都已经在践行数据确权和授权的过程。这也是为什么"数据二十条"将"推进数据分类分级确权授权使用和市场化流通交易""建立数据分类分级授权使用规范"等写入条例的重要原因之一。

（二）二级市场：数据交易市场

二级市场不仅包括场内交易市场，也包括场外交易市场。清华中国电子数据治理工程研究院的统计数据显示，截至 2022 年 8 月，全国已经成立或拟成立的数据交易所（中心）

共计46家，大多数都没有公布交易额，而几家已经公布交易额的交易所，其交易额也不高。这似乎与大家印象中认为数据交易所很活跃的印象不符。

数据交易所目前难以做大，主要是因为数据供应少及其带来的后续一连串问题，可以归纳为供应少、模式缺、闭环阻、做大难。数据供应少是一个经济学问题，表现为数据供应动机不明，有效供给不足。对数据供给方而言，其动机首先必须建立在数据交易所能为其带来价值的基础上。当前，数据交易所自身没有数据，必须依靠数据供给方提供数据，同时又没有创建出良好的商业模式和商业闭环，企业和个人并不愿意将数据通过交易所来交易，最终表现为场内交易市场难以做大。与此同时，场外交易市场正在如火如荼地开展着。根据调研发现，现在已经有很多企业根据自己的信息获取能力找到了匹配的数据，通过数据交易促进了各企业间数据的互补和集成，也产生了许多新的信息和知识，并且其商业模式已经非常成熟，但由于没有经过交易所，而是通过 B2B 等方式进行，因此并未得到广泛关注。

关于数据二级市场的未来到底是场内和场外，一直存在争论，其核心就在于哪种交易模式更能保护数据所有者的权益，更能保证数据安全高效流通，更能创造价值。如果某类交易模式能满足这些条件，数据供给者就有动机提供数据，数据交易就能吸引更多主体加入，甚至会创造出更多的新兴主体，如数据经纪商等。如果满足不了这些条件，那二级市场就将面临生死存亡的挑战。当前，无论是场内的数据交易所，还是场外的数据交易平台，都还在探索中，被广泛认可的商业模式也还未开发出来，有待进一步探索。在国外，有一种值得商榷模式，叫作工业数据空间（Industrial Data Space，IDS），正在欧洲进行推广。基本原理是各行业将数据汇集到某共享环境，该共享环境基于标准通信接口技术建立，具备可信安全的特征，是一个可支持供需双方数据"可用不可见"共享开发的虚拟架构。[①] 在国内，也有一系列公司通过建立可信执行环境等数字基础设施，探索保证数据安全和高效交易的可行路径。

还有一个值得关注的问题是，数据交易所的定位是裁判员还是运动员？如果仅仅是做裁判员，那么就只做数据交易平台，类似于金融市场的证券交易所、股票交易所。然而，在数据交易还不成熟的前提下，交易所可能还需要作为交易生态的组织者。例如贵阳大数据交易所、深圳大数据交易所、北京国际大数据交易所等，都会到数据产业的上游提供引导服务，同时到下游开拓应用场景服务。如果数据交易所不仅仅做裁判员，还要做运动员，即交易所自己也要去生产数据、出售数据，那就可能会打破竞争格局，影响市场机制。当然，数据二级市场还在发展中，对上述问题还难以下定论，因此应该要允

---

① 赛迪智库：《借鉴德国经验打造我国工业数据空间》，2022 年 7 月 13 日，http://report.ccidgroup.com/viewPdf/27ccf6f913dd477a90162ad6ec76401f。

许这颗"子弹"再飞一会儿。或许到最后，还会有新的场景、合适的市场角色来改变这个格局，整个二级市场的交易模式也会有不同的答案。

（三）三级市场：数据产品和服务市场

三级市场是提供数据产品和服务的市场，也是场景最丰富的市场。例如腾讯为麦当劳提供选址服务，蚂蚁集团为浦发银行提供贷款分析服务等，大多是通过隐私计算等一系列手段实现的数据服务。由于三级市场能具体融入到实体经济当中，所以它的前景更加广阔。

目前为止，三级市场到底有哪些？一种方案是隐私计算。当前，在三级市场上的隐私计算技术还不太成熟，也没有很好的商业化解决方案。根据商业生态周期理论[1]，基于隐私计算的数据三级市场商业化生态应用大体处于兴起到多元阶段。阻碍其发展的问题主要是效率还不能完全满足市场需求。具体而言，由于隐私计算需要满足各种隐私和安全要求，如可见不可得、可算不可识等，这就增加了对数据的处理难度，进而降低了对数据处理的效率。隐私计算的解决方案有偏硬件的解决方案、偏软件的解决方案、软硬结合的解决方案。根据调研来看，国内大多数企业的解决方案都是往偏硬件的方向发展。同

---

[1] Rong K., Shi Y., *Business Ecosystems: Constructs, Configurations, and the Nurturing Process*, Springer, 2014.

时，市场对硬件化的隐私解决方案也更具信心。

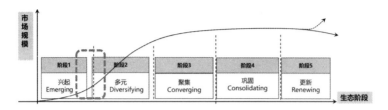

图 8-2　隐私计算生态应用发展阶段

另外一种方案是更加通用的方案。由于三级市场是一个具有丰富场景需求的市场，因此数据供给方和需求方都是千差万别的，可能会出现一个大集成的交易空间来协调数据的供需双方。由于大多数数据都在数据平台方，而云计算作为存储数据的最大空间，很有可能发展为最大的数据交易空间和数据分析空间。并且随着云上的能力集成和加强，未来也将会有更多的数据收集、交易、分析等活动直接在云上进行，这样一来，云也将成为赋能万行万业的市场空间和普遍方式。

三、培育数据产业生态，促进数字融合

培育数据产业生态是推进数实融合的基础。由于数据一级市场和二级市场交易的都是数据本身，因此可以用数据资本形成额来衡量数据一级市场和二级市场的规模。根据我们的测算，以 2003 年不变价计算，2020 年中国数据资本形成额为44423.70 亿元，占当年 GDP 比重 6.77%，且呈上升趋势。

由于数据三级市场交易的是数据产品和服务，因此数据赋能的场景才能充分体现数据三级市场的价值。产业互联网是数据赋能的主要场景之一，根据 2022 年清华大学经济所发布的《中国产业互联网生态报告》，将产业互联网范畴定义为广义的工业互联网和消费互联网，即包括非工业行业在内的各行各业的工业互联网，以及消费互联网。根据《中国产业互联网生态报告》的测算，在基准情况下，预计到 2035 年，中国产业互联网将占到 GDP 的 21%左右。①

　　也就是说，虽然数据一级市场、二级市场规模较小，但数据三级市场成长空间和市场赋能空间巨大。此外，根据我们的测算，数据资本对经济增长的贡献也将越来越高，并逐渐超越劳动力和资本等生产要素对经济增长的贡献率。换言之，培育数据产业生态的意义不止在于提高数据资本存量，更重要的意义在于数据赋能产业发展，实现价值释放。

　　培育数据产业生态的思路依然可以遵循三级市场的思路展开。总体而言，一级市场需要做"广"数据来源，应该鼓励更多的数据收集，并完成数据确权后的数据流动，以等价交换的方式进行安全分享。二级市场要做"大"数据交易，构建场内场外协调互补的数据交易体系，促进数据安全高效流动，

① 清华大学社会科学学院经济学研究所：《中国产业互联网生态发展报告》，https：//www. tioe. tsinghua. edu. cn/dfiles/zhongguochanyehuxiangwangshengtaifazhanbaogao. pdf。

形成网络效应。三级市场要做"深"数据产品,深入行业应用场景,运用 AI 算法等构建智能化的解决方案,真正释放数据价值,服务各行各业。

在数据产业生态中,既有大企业,也有小企业,根据各自能力参与到数据产业生态的各个环节。其中,一些能力比较单一的小企业,可以仅仅参与到某一级市场中;一些能力稍强的企业,可以跨市场参与建设;还有一些具有雄心壮志的大企业,其能力较强,可以融合三级市场,成为数据产业生态的领导者,甚至数字基础设施提供方。因此,数据三级市场是一个既独立又融合的市场。

对于数据产业生态的领导者而言,要承担培育数据产业生态的重任,不仅要有相关的数字技术,还要有发展愿景和解决方案。基于此,我们提出"4I 模型赋能机制",包括"Identify,确认生态角色",即确定企业在数据产业生态中的角色定位;"Impel,推动市场发展",即推动数据一、二、三级市场发展;"Integrate,整合行业能力",即与农业、金融、制造和物流等具有特殊行业知识的企业合作,形成能力互补,联合深耕行业和应用场景;"Incubate,孵化商业模式",即开创各类商业模式,形成商业闭环,促进数据应用价值多元释放。

展望未来,根据"4I 模型赋能机制",我们认为未来会出现一种名为"数据云"的商业模式。其原因是云计算的运行机制已经展现出能覆盖整个数据生命周期的非凡价值，包括数据收集、存储、交易、分析和服务等。而当云计算发展为更加专业的"数据云"时，就能贯通数据三级市场，汇集各行各业的力量。

第九讲

数据创新内生增长与数据基础设施

主讲人：谢丹夏

谢丹夏，清华大学社会科学学院经济所博士生导师，副教授。曾任职于世界著名智库彼得森国际经济研究所，早年参与我国第一个CPU"中国芯"的研发。从事数字经济、法律经济学、宏观、金融、国际、劳动经济学等领域的理论与政策研究。

（扫码观看讲座视频）

本讲我们将重点探讨如下主题：数据创新内生增长与数据基础设施。首先，我们将回顾"数据二十条"的提出。其次，我将介绍数据创新内生增长理论。该理论关注的是数据要素如何造福于我们的社会和经济，并以宏观经济学中经典的内生增长理论作为基础性的分析框架。最后，我会向读者们介绍我的研究团队最新的一些研究成果，涉及数据生产力悖论、数据基础设施、数据流通，以及数据如何影响金融信贷市场等方面。

一、"数据二十条"与数据赋能经济发展

最近有关"数据二十条"的讨论非常热。对于经济学家而言，我们关注的是它的理论核心以及对社会、经济的影响是什么，又会产生哪些政策含义。我认为"数据二十条"的主线在于促进数据合规高效流通使用，赋能实体经济。

数据要素能够带给社会价值，并赋能实体经济。也就是说，数据要素本身没有价值，但是可以通过影响实体经济的生产创造，进而提高社会和人民的福利。我们对"数据二十条"的文本进行了词频分析，发现最高频的词是发展，所以"数据二十条"的初心就是发展。我们在定义数据要素或者是探

讨数据要素基础制度的建设时，坚持的目标也应当是发展。从微观角度来讲，企业能够从数据要素中获得发展动力；从宏观角度讲，数据要素可以改变经济体的生产行为，间接提高宏观增长率。在我看来，数据要素的宏观影响更关键，所以下面我主要是从宏观以及如何影响经济增长率这样的一个角度来看待数据要素。我将结合数据要素如何影响经济增长以及如何影响实体经济的角度去探讨"数据二十条"的问题。

二、数据创新内生增长理论

数据现在被列为五大基础要素之一，与土地、劳动力、资本、技术并列。而且从世界范围来看，过去几年产生的数据占人类历史上全部数据的绝大比例。这引出了一个非常有趣的问题，就是当我们有这么多数据要素之后，它能否影响我们的经济增长，或者更通俗一点，数据要素是否能够提高我们每年的GDP增长率？如果数据要素能够使我们的年增长率从5%提高到6%，那么它就非常有用，因为经济增长率每提高一个百分点，可能会创造大量新的就业和消费等。因此，数据要素能否给我们带来实际的人民福利提高和增长率提高是一个非常实际的问题。

作为一种新的生产资料或要素，数据要素的特征会给我们的经济增长带来哪些新的问题、挑战和价值呢？为了回答这一问题，我和我的团队首次提出数据创新内生增长理论。在消费者的效用函数中，除了消费本身给消费者带来正效用之外，当消费者提供数据供他人使用时，有可能会为消费者带来负面效用，也就是隐私成本。因此，数据一方面可能会提高我们的效用，另一方面可能会带来隐私成本。这是数据要素与其他生产要素的本质不同。

在实体经济中存在两个代表性的模型。其中一个是我提出的"数据创新内生增长理论"，它强调数据可以用于创新企业的创新过程，产生新的知识并支持当前和未来的使用。相对的，斯坦福大学的两位教授在《美国经济评论》上发表的文章则强调数据可以提高当期的生产效率，但没有形成知识。生成知识的好处在于它可以被下一期使用，例如我们掌握了某个公式或者生产工艺，我们就可以一直使用这个知识，直到被一个更高级的新知识所替代。

当经济体有数据流通时，不仅可以用于生产性的企业，还可以用于创新性企业。两个途径都能体现出数据的非竞争性，前者称之为水平非竞争性，后者则称为垂直非竞争性。水平非竞争性主要是指数据可以在不同的企业中跨空间使用、共享。我们的研究表明，水平非竞争性对于经济增长的作用是小于垂直非竞争性的。

在我们发表于 *Management Science* 的模型中，我们强调的重点则是跨时间的动态非竞争性，即在不同时间共享数据。数据可以创造出新的知识，这个新的知识在未来可以被重复使用，我将这个过程称为数据到知识的漂白和凝练过程。数据有一个与其他生产要素的不同之处即隐私成本。但是当数据在创新过程中转化为知识时，它通常是中性的。它不再涉及个人隐私，而是成为规律、公式、生产流程或专利等。当数据变成知识后，它的隐私杂质就被过滤掉了，成为一种更纯粹的知识形态。这种知识具有动态非竞争性属性。

数据内生增长理论的现实意义在于，刻画了数据如何对生产方式产生变革，以及该种变革对长期经济增长的影响。首先，数据改变了消费品和内容产品的生产逻辑，由需求侧服从于供给侧转变为需求侧与供给侧通过有偿或无偿的数据共享实现良好互动。比如智能手机厂商小米在用户授权的前提下，通过 App 搜集必要的用户行为数据，反馈给操作系统的设计和维护部门，改善用户体验。其次，数据也为工业品带来了更多的功能和更低的成本。例如劳斯莱斯利用引擎上的传感器获取压力、温度、高度和震动数据，实现了对飞机引擎的实时监测与安全预警。美国西北太平洋的智能电网项目通过搜集分析用户的用电数据，可以给出消费者更加精确的家用电器用电方式，控制用电高峰期的耗电量并大幅降低用电成本。降本增效、助产助研，内生增长理论较为完整、详细地描绘了数据对经济增长的促进作用。

三、数字生产力悖论与数据基础设施

（一）数字生产力悖论

首先，在数字经济领域有一个非常著名的悖论——索罗悖论。这一悖论是在美国进入计算机时代时提出的。在美国，20世纪80年代计算机就已经开始比较广泛地使用了。诺贝尔奖获得者索罗教授在1987年提出：虽然计算机在很多地方都进行了使用，在生产率的统计上看不出来计算机到底对经济增长有什么实际的作用。

进入数据经济时代，尤其是过去的十年甚至五年，整个世界的数据存量有了巨额增长，但是并没有在GDP增长率或者全要素生产率（TFP）等统计数据中有相应的体现。所以我们提出一个新的悖论——数据生产力悖论。即虽然经济体中的数据增加了，但是我们并没有从统计数据上看到它对于GDP或者生产效率的明显提高。

这一问题从何而来呢？哪些因素限制和制约了数字经济的增长呢？比如说数据市场还不够完善，所以虽然有很多数据，但是没有被充分使用。而"数据二十条"试图从政策层面减少阻碍数据推动经济增长的力量，或者提供更多可以让数据进行流通或者进行交易的手段，让数据能够产生更多的价值。

从一些实证数据上来看，对于发达国家而言，近些年经济增长率基本上都是在2%左右，也没有更高的增长趋势。而我国相对来讲还是比较高的。一个可能的解释就是数据生产力悖论，即部分产生数据较多的发达国家数据基础设施严重不足。我国数据存储空间的增速相对发达国家是非常高的。前些年，中国数据基础设施的年均增速几乎可以达到50%，尽管最近几年有明显下降，但绝对增速还是比较高的。

基于数据创新内生增长理论，还有一个重要的地方可能限制我们的数据经济增长，就是说数据存储空间。首先要有地方能够把数据存下来，才能谈到后续的开发利用，这就涉及数据基础设施的建设问题。我们可以想象，人们产生的绝大多数数据并没有足够的空间存储，大部分的数据可能未被记录直接就遗失了，遑论产生价值。所以，数据基础设施的建设可能也会是数据经济增长的一个瓶颈。但是我们可以通过政府主导数据基础设施的建设，突破这一瓶颈，进而提高数据要素的利用率。

虽然数据因为可复制而具有非竞争性，但当数据存储本身需要产生投资成本时，数据的非竞争性有可能被数据存储的竞争性所部分削弱。数据基础设施的建设规模有助于解释数据生产率悖论。

（二）数据基础设施的现实挑战

当然，数据存储空间的限制也并非今天人们才面临的问题，而是贯穿于整个人类文明。从古至今，数据的存储一直是人类活动的重要环节（见图9-1）。从早期的结绳记事、泥板计数，到活字印刷、打孔卡的出现，再到现代计算机诞生。信息和数据不断积累，代代传承，提升了人类认识、改造世界的能力。对信息沟通量与质的不懈追求，促使人类探寻更大容量、更高性能的存储模式，推动开发和应用更多更先进的数据存储技术，使数据更好地存储和交互，提高数据使用的便捷性与持久性。

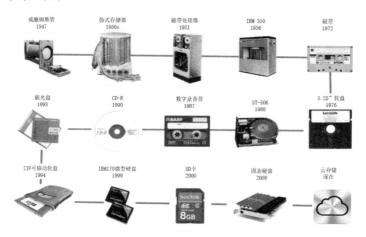

图 9-1　数据存储的发展历程

对于当下而言，数据存储空间的不足存在着三方面现实挑战：

其一是数据量爆发式增长。随着移动互联网、通信技术、在线服务的迅猛发展，社会的数据规模呈现爆发式增长。2018年，我国新增数据量为 7.6ZB，为世界第一数据生产国；预计到 2025 年，中国新增数据量将继续保持 30% 的年平均增长率升至 48.6ZB（见图 9-2）。届时，数据存储能力将成为数据驱动型经济发展的重要制约。

（单位：泽字节）

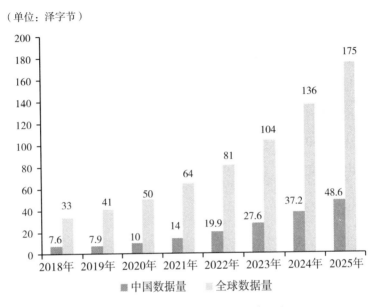

图 9-2　2018—2025 年中国与全球年数据生产量

注：2023 年、2024 年、2025 年为预测数据。
数据来源：Statista。

其二是数据存储存在着时间上的错配。绝大多数数据业务的负载都是非线性、动态变化的，尤其以互联网相关业务为代表，随时可能出现业务负载过高的突发性变化，而对应的数据处理和数据存储能力无法及时跟进，出现错配。以"双十一"期间为例，短短数小时内消费者产生的数据量可能是平日的数倍或数十倍。

其三是非结构化数据海量积累，数据存储难度增加。随着5G、云计算、大数据、人工智能、高性能数据分析（HPDA）等新技术、新应用的蓬勃发展，企业非结构化数据快速增长，如视频、语音、图片、文件等，容量正在从 PB 到 EB 级跨越。例如，1 台基因测序仪每年产生数据达到 8.5PB，某运营商集团每天平均处理数据量达到 15PB，1 颗遥感卫星每年采集数据量可以达到 18PB，1 辆自动驾驶训练车每年产生训练数据量达到 180PB。这一现实挑战，也反映在企业在数据存储上的支出大幅度增长（见图9-3）。

（单位：十亿美元）

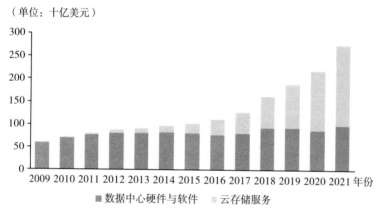

图9-3 2009—2021 年全球企业在数据中心和云存诸上的支出
数据来源：Statista。

上述挑战不止导致数据"存不下"，更会阻碍数据流动和数据后续开发使用，从而威胁数字经济的长期发展。

（三）应对策略

对此，我们建议可以从三方面着手。其一是先让即时数据存得下。技术上，传统的数据多副本技术已经满足不了非结构化数据的存储需求，需要通过专业分布式存储的数据缩减技术，优化存储利用率，比如大比例弹性 EC 算法，重删压缩算法，并且使用高密存储硬件替换通用。此外，云存储模式也得到了更加广泛的应用。云存储就是将储存资源存放在由许多个存储设备和服务器所构成的集合体中，使用者随时随地通过可连网装置连接到"云上"方便地存取数据。其主要包含两种模式：一是公共云，由第三方作为一种服务提供存储。公共云在异地存放数据，用户不能控制且不了解云中使用的技术，常见为生活中我们使用的各种云盘；二是私有云，由数据中心对企业内部开发，提供云服务，比如存储空间申请、企业应用系统的快速部署等。云存储可以显著提高存储效率和空间利用率，用户可随时进行远程数据备份和传输，降低了灾难恢复和备份单元的成本。但同时也存在着侵权、泄露个人隐私和商业数据、空间持久性、持续性收费等隐患。不过可以预期的是，在万物互联和大数据浪潮席卷的背景下，云存储技术将会持续提升，造福数据经济。

其二是加强非结构化数据结构化和直接提取信息的能力。数据作为数字时代很多企业最重要的资产，具有基础战略资源和关键生产要素的双重角色。作为信息化系统中的核心部分和底层基座，存储系统的构建和使用直接关系到数据的存储、使用和挖掘。随着非结构化数据在企业应用越来越广泛，尤其是开始进入企业生产决策系统，如何高效地存储海量非结构化数据、挖掘非结构化数据蕴含的巨大价值，从而指导企业进行科学决策，成为企业的关键竞争力。因此，无论对于企业个体还是经济整体而言，从管理和战略上，都有必要加强海量非结构化数据处理能力建设，从以结构化数据为中心的技术导向向能够设计、规划、管理海量非结构化数据技术导向进行转型。

其三是加强数据生命周期管理，让数据在保证必要的共享和流动的情况下，以最低成本进行存储。分布式数据存储方式在其中大有作为，例如可以通过专业的分布式存储系统构建全局统一数据存储底座，优先部署支持文件、对象、大数据多协议互通，构建业务混合负载、数据缩减技术、高密硬件等能力的分布式存储系统，从而在数据使用主体之间实现最高效的互联互通。

四、数据对金融信贷市场的影响

对于一般行业，通过挖掘数据，企业可以分析客源、评估风险、建立竞争优势。而不同企业之间的数据分享和数据整合可以充分发挥数据要素的非竞争性，让一份数据发挥多份价值，为全行业带来福利提升。对于金融行业而言，通过金融科技公司和银行之间建立合作，金融科技公司对银行海量用户基本信息和交易行为数据进行提取、加工，可以更加精准地判断银行用户的信贷风险。

然而现实中数据滥用和数据孤岛时常出现，很难建立稳定、有效的数据交易市场。尽管科斯定理指出，当交易费用很低时，权利的初始分配不会影响市场最后的效率，当事人通过谈判可以实现资源配置的帕累托最优。但对于数据交易而言，至少存在两方面的交易成本：其一是数据的非竞争性保证了数据可重复利用的价值，使得数据受让方有充分激励将自己获得的数据转售给他人，贬损原数据持有人的经济利益；其二是数据开发过程创造的衍生价值很难确定权利主体，使得不完全合约问题严重。上述交易成本共同阻碍了科斯定理发挥作用，导致蕴含丰富价值的数据很难在市场主体之间实现有偿流动。

布勒克（Broecker，1990）指出，银行向借款人提供贷款前进行独立但不完美的信用评估，这一点与共同价值（Common Value）拍卖模型类似。其模型的本质特征在于"赢者诅咒"，即竞标者对一件拍卖品具有相同的事后价值，但收到有关该价值的不同事前信号。而获胜者是对资产评估最乐观的竞标者，因此倾向于高估拍卖品价值并支付高于市场价格的对价。换言之，拍卖的获胜者将受到"诅咒"：中标者要么买得更贵，要么真实价值低于预期。具体到金融市场而言，如果不同银行基于各自的信息为同一贷款人提供不同贷款利率，那么提供最低贷款利率的银行要么低估了贷款人的风险，要么提供了过低的贷款利率。解决这一办法的方式是银行获取贷款人更充分的信息，建立更好的筛选能力。在布勒克的模型中，有更好筛选能力的银行面临着更小的赢者诅咒，并获得正期望利润；而筛选能力较弱的银行赚取零利润，有时甚至看到一个有利信号也会拒绝向借款人提供贷款。

基于布勒克的模型，我的研究团队于《中国工业经济》上发表的论文就金融市场中的数据共享建构了数理模型。通过区分数字足迹和财务数据，我们构建了在异质数据背景下的金融科技公司和银行之间的非对称信贷竞争模型，强调了上游数据要素市场和下游信贷市场间的相互联系。分析发现，数据配置在直接影响信用评估准确度的同时，还会影响信贷市场竞争，从而对不同的借款者产生差异化的"福利效应"，并在借款者福利和放贷者利润之间产生"分配效应"。当强制共享数据时，由于数据的非竞争性，两个放贷者都将拥有借款者的全部两类数据，分析准确度也将随之提高。这将拓宽信贷业务的覆盖人群，增加高信用质量借款者获得贷款的概率。还有助于促进信贷市场竞争，降低贷款利率与放贷者利润，完成财富从贷款者向借款者的再分配。强制数据共享实际上通过以上两个途径提高了借款者福利。

当放贷者自主交易数据时，本模型发现数据交易是单向的，有且仅有一个放贷者拥有借款者的全部数据。这源于如下三个原因：第一，数据具有非竞争性，优势者出售部分数据不会减少自身拥有的数据量和数据优势。第二，类似于非对称成本的伯特兰德（Bertrand）竞争，信贷竞争具有"赢者通吃"（Winner-take-all）的特性，只有优势者才能获得正期望利润。尽管弱势者可以购买部分数据提高自身分析的准确度，但在后续的信贷市场竞争中其放贷利润仍为零，购买数据的支出无法得到补偿。第三，优势者的放贷利润与放贷者之间的数据量差距成正比。最终，放贷者可以通过上游数据市场形成"合谋"：弱势者不购买数据并出售所有数据，尽可能削弱下游信贷市场竞争，从优势者提高的放贷利润中获得分成。这提高了贷款利率和各自利润，但可能损害借款者福利。

最后，我们运用数值模拟方法分析比较了不同配置方式下的社会总福利（借款者福利与放贷者利润之和），指出两种数据配置都可以显著提高社会总福利，而且强制数据共享情形下社会总福利达到最高水平，这是因为单向数据交易不仅导致数据共享不足，还会提高赢者诅咒成本、抑制市场存量数据发挥价值。这也就有助于解释为何一些国家采取了强制共享政策。

如前所述，数据的非竞争性和不完全契约风险带来了过高的交易成本，阻碍了数据共享，那么如何对此进行改善呢？首先应当采用设立有条件开放制度、培育标准化数据交易市场、建设数据基础设施等政策手段，破除数据交易壁垒，形成银行、征信机构、金融科技公司等不同数据主体之间的有效协作机制，充分挖掘数据的经济价值。其次，密切关注数据市场与其他要素市场之间的相互关联。例如监管部门应当对敏感性强、安全风险大的数据交易进行事前的实质性审查；关注数据优势方的数据交易目的，避免信贷市场形成过强的市场势力，导致数据垄断的发生。

五、结论与启示

数字时代，如何更好地获取并利用数据要素发挥其价值，已成为全球竞争的新战场。各国竞相制定数字经济发展战略，如美国的《联邦数据战略》、欧盟的《欧盟数据战略》、俄罗斯的《俄联邦数字经济规划》。2020 年以来，我国也陆续发布《关于构建更加完善的要素市场化配置体制机制的意见》《"十四五"数字经济发展规划》《要素市场化配置综合改革试点总体方案》等文件，明确提出要加快培育数据要素市场，建立健全数据流通交易规则，促进数据要素流通交易，将数据驱动发展上升为国家级战略。可以说世界各国都在积极争取数据经济发展的主动权。因此，我们非常有必要寻找数据经济的逻辑与发展趋势，充分认识社会生产方式正在经历的汹涌变革和经济增长面临的潜在挑战。

最后总结一下本章要点。首先，在数据创新内生增长理论中，我们强调了数据到知识的漂白、凝练过程。数据可以产生可重复使用的干净知识，并推动经济增长。该理论的政策含义是应该鼓励数据在创新部门中的使用，因为这样有两个好处：一是可以将带杂质的数据变成干净的知识，从而降低数据隐私成本；二是可以在未来不停地使用，从而提高经济效益和人民福利。在这个经济机制下，数据在创新部门中的使用会更加有效，同时减少隐私成本。

其次是数据存储基础设施。如果经济建设不注重数据基础设施投资的话，可能会形成经济增长的瓶颈。通过新基建对数据存储基础设施进行投资，有助于释放数据推动经济增长的机制的动能和活力。此外，数据确权也有助于相关的数据基础设施投资。除了政府进行新基建之外，可以鼓励民营企业对数据基础设施进行投资。

此外，数据要素流动一方面可以提高金融信贷市场的效率，但另一方面也有可能因为数据要素的非竞争性而形成一种新的市场势力。因此，在促进数据要素流动和数据市场建设的同时，也要警惕其可能产生的新垄断。

参考文献

《马克思恩格斯全集》第 23 卷，人民出版社 1972 年版。

《马克思恩格斯全集》第 42 卷，人民出版社 2016 年版。

《马克思恩格斯文集》第 3 卷，人民出版社 2009 年版。

《中华人民共和国电子商务法》，人民出版社 2018 年版。

《中华人民共和国个人信息保护法》，人民出版社 2021 年版。

《中华人民共和国国民经济和社会发展第十四个五年规划和 2035 年远景目标纲要》，人民出版社 2021 年版。

《中华人民共和国民法典》，人民出版社 2020 年版。

《中华人民共和国数据安全法》，人民出版社 2021 年版。

《中华人民共和国网络安全法》，人民出版社 2016 年版。

蔡继明：《从按劳分配到按生产要素贡献分配》，人民出版社 2008 年版。

蔡继明：《从狭义价值论到广义价值论》（修订版），商务印书馆 2022 年版。

黄益平主编：《平台经济——创新、治理与繁荣》，中信出版集团 2022 年版。

配第：《配第经济著作选集》，商务印书馆 1981 年版。

蔡继明、刘媛、高宏、陈臣：《数据要素参与价值创造的途径——基于广义价值论的一般均衡分析》，《管理世界》2022 年第 7 期。

蔡继明、钟一瑞、高宏：《技术进步、经济增长与"价值总量之谜"——基于广义价值论的解释》，《经济学家》2019 年第 9 期。

李爱君：《数据权利属性与法律特征》，《东方法学》2018 年第 3 期。

李一苇、龙登高：《近代上海道契土地产权属性研究》，《历史研究》2021 年第 5 期。

刘涛雄、李若菲、戎珂：《基于生成场景的数据确权理论与分级授权》，《管理世界》2023 年第 2 期。

龙登高、陈月圆、李一苇：《在所有权与使用权之间：土地占有权及其实现》，《经济学（季刊)》2022 年第 6 期。

孟天广、张小劲：《大数据驱动与政府治理能力提升——理论框架与模式创新》，《北京航空航天大学学报（社会科学版)》2018 年第 1 期。

孟天广：《数字治理生态：数字政府的理论迭代与模型演化》，《政治学研究》2022 年第 5 期。

孟天广：《政府数字化转型的要素、机制与路径——兼论"技术赋能"与"技术赋权"的双向驱动》，《治理研究》

2021 年第 1 期。

戎珂、刘涛雄、周迪等：《数据要素市场的分级授权机制研究》，《管理工程学报》2022 年第 6 期。

王胜利、樊悦：《论数据生产要素对经济增长的贡献》，《上海经济研究》2020 年第 7 期。

王颂吉、李怡璇、高伊凡：《数据要素的产权界定与收入分配机制》，《福建论坛（人文社会科学版)》2020 年第 12 期。

肖冬梅、文禹衡：《数据权谱系论纲》，《湘潭大学学报（哲学社会科学版)》2015 年第 6 期。

严宇、孟天广：《数据要素的类型学、产权归属及其治理逻辑》，《西安交通大学学报（社会科学版)》2022 年第 2 期。

张莉：《资源、资产、资本：数据的价值》，《中国计算机报》2019 年 10 月 28 日。

庄子银：《数据的经济价值及其合理参与分配的建议》，《国家治理》2020 年第 16 期。

《中共中央　国务院关于构建更加完善的要素市场化配置体制机制的意见》，2020 年 4 月 9 日，http://www.gov.cn/zhengce/2020-04/09/content_5500622.htm。

《中共中央 国务院关于构建数据基础制度更好发挥数据要素作用的意见》，2022 年 12 月 19 日，http://www.gov.cn/zhengce/2022-12/19/content_5732695.htm。

《中共中央　国务院关于印发促进大数据发展行动纲要的

通知》，2015 年 9 月 5 日，http://www.gov.cn/zhengce/content/2015-09/05/content_10137.htm。

《关于印发〈常见类型移动互联网应用程序必要个人信息范围规定〉的通知》，2021 年 3 月 22 日，http://www.cac.gov.cn/2021-03/22/c_1617990997054277.htm。

《国务院办公厅关于促进平台经济规范健康发展的指导意见》，2019 年 8 月 8 日，http://www.gov.cn/zhengce/zhengceku/2019-08/08/content_5419761.htm。

《国务院反垄断委员会关于平台经济领域的反垄断指南》，2021 年 2 月 7 日，https://gkml.samr.gov.cn/nsjg/fldj/202102/t20210207_325967.html。

《互联网个人信息安全保护指南》，2019 年 4 月 19 日，https://www.secrss.com/articles/10063。

清华大学社会科学学院经济学研究所：《中国产业互联网生态发展报告》，https://www.tioe.tsinghua.edu.cn/dfiles/zhongguochanyehuxiangwangshengtaifazhanbaogao.pdf。

戎珂、黄成：《掌握数字文明时代第一要素，迈向社会主义现代化强国》，2023 年 3 月 17 日，https://www.ndrc.gov.cn/xxgk/jd/jd/202303/t20230317_1351340.html。

戎珂：《构建多层次多样化数据市场体系》，2022 年 4 月 13 日，http://theory.people.com.cn/n1/2022/0413/c40531-32397872.html。

赛迪智库:《借鉴德国经验打造我国工业数据空间》,2022年 7 月 13 日, http://report. ccidgroup. com/viewPdf/27ccf6f913-dd477a90162ad6ec76401f。

H. R. Varian, *Microeconomics Analysis*, *Third edition*, W. W. Norton & Company, 1992.

Rong K. , Shi Y. , *Business Ecosystems*: *Constructs*, *Configurations*, *and the Nurturing Process*, Springer, 2014.

Digital ServicesAct, https://eur-lex. europa. eu/eli/reg/2022/2065/oj.

Directive on Electronic Commerce, https://eur-lex. europa. eu/legal-content/EN/ALL/? uri = CELEX:32000L0031.

General Data Protection Regulation, https://eur-lex. europa. eu/legal-content/EN/TXT/? uri = CELEX%3A02016R0679−20160504.

Investigation of Competition in Digital Markets, https://www. govinfo. gov/content/pkg/CPRT − 117HPRT47832/pdf/CPRT − 117HPRT47832. pdf.

ISO 10782−1:1998(en), *Definitions and Attributes of Data Elements for Control and Monitoring of Textile Processes — Part 1: Spinning, Ppinning Preparatory and Related Processes*, https:// www. iso. org/obp/ui/#iso:std:iso:10782:−1:ed−1:v1:en.

后　记

党的十九届四中全会明确提出"要健全劳动、资本、土地、知识、技术、管理、数据等生产要素,由市场评价贡献、按贡献决定报酬的机制",首次正式把数据定性为生产要素。作为一种生产要素,数据在生产过程中起到增值和赋能的作用,从而提高了整个生产过程的效率。因此,数据不仅具有资源的属性(即"新时代的石油"),还将作为一种生产要素直接贡献于经济发展。同时,数据要素也将面临着其他生产要素所面临的一系列问题,包括产权的确立、如何激励和创造价值、交易和流通方式以及如何参与分配等。

数据作为数字经济时代的新型生产要素,具有一系列独特的属性。数据可以无限复制,不像物质资源那样只能被有限次使用;数据通常是非标准化的,每一份数据都可能具有不同的特征和价值;数据是非消耗性的,使用一次不会减少其价值……此外,由于数据的生产过程往往涉及到不同主体,其权属关系较为复杂。数据的这些特点为传统的产权、流通、分配和治理制度带来了全新的挑战。

为了应对这些挑战,我国在 2022 年 12 月 19 日发布了《中

共中央　国务院关于构建数据基础制度更好发挥数据要素作用的意见》(简称"数据二十条")。这份文件对数据基础制度建设系统化提出指导意见,构建了以数据产权、流通交易、收益分配、安全治理为核心的四个数据基础制度。"数据二十条"的出台,将充分发挥中国庞大的数据规模和多样化的应用场景优势,激活数据要素潜能,做强做优做大数字经济,增强我国经济发展新动能,为我国在全球数字化竞争中保持竞争优势打下坚实基础。

"数据二十条"是党的二十大之后推动数字经济开新局的基础性政策文件,备受各方关注。为了更好地理解和探讨这一政策的实施,清华大学社会科学学院经济学研究所结合近年来在数字经济和数据要素方面所做的研究和取得的成果,邀请所内及清华大学社科学院和法学院的十多位教授专家,举办了"数据要素与我国数字经济发展——聚焦'数据二十条'"系列讲座。该系列讲座从五个不同的维度,深入探讨了数据二十条中的经济和法律问题。第一,讨论了数据产权制度,探讨如何确立和保护数据的产权。第二,关注了数据要素的流通和交易制度,以解答数据如何在不同实体之间自由流通的问题。第三,研究了数据要素的收益分配制度,思考数据价值如何公平分配给相关方。第四,研究了数据要素的治理制度,强调数据的安全性和管理问题。第五,关注了数据的宏观和生态价值,考察数据在整个经济生态系统中的作用和影响。这种跨学科的研究和讨论有助于我们更全面地理解数字经济和数据要素的复杂性,为政策的制定和实施提供有力的参考依据。

系列讲座的直播吸引了数百万人观看,取得了很好的效果。为了满足广大读者对数字经济知识的需求,提供更深入、更系统的了解,清华大学社会科学学院经济学研究所在"数据二十条"专题讲座的基础上编写了《数据要素前沿九讲》。本书不仅汇集了各位专家对"数据二十条"中涉及的经济与法律问题的深刻见解,还结合了实际案例和应用场景,使读者能够更好地理解数据要素的核心概念和实际运作。

数字经济正在成为当今全球经济的推动力量,对各个领域产生了深远的影响。因此,深入研究和理论探讨数字经济及其核心要素的作用至关重要。本书的目标不仅仅在于提供信息,更期冀激发思考、促进讨论、推动数字经济领域的知识和实践前进。

孙震、李红军

清华大学经济学研究所副教授

2023 年 9 月于清华园

视 频 展 示

龙登高
第一讲　数据要素的产权形态

申卫星
第二讲　数据产权:从两权分离到三权分置

汤　珂
第三讲　数据流通的市场体系建设

王　勇
第四讲　信息生成视角下的数据要素分类与
　　　　交易机制设计

蔡继明
第五讲　构建公平与效率相统一的数据要素
　　　　按贡献参与分配的制度

刘涛雄

第六讲 数据要素治理：效率与安全的平衡

孟天广

第七讲 数据要素治理的国际规则与中国探索

戎 珂

第八讲 数据要素市场体系和数据产业生态

谢丹夏

第九讲 数据创新内生增长与数据基础设施

责任编辑：陈百万

封面设计：汪　莹

图书在版编目（CIP）数据

数据要素前沿九讲/清华大学社会科学学院经济学研究所
　编著. —北京：人民出版社,2023.10
ISBN 978－7－01－025896－6

Ⅰ.①数… 　Ⅱ.①清… 　Ⅲ.①数据管理-研究　Ⅳ.①TP274

中国国家版本馆 CIP 数据核字（2023）第 160129 号

数据要素前沿九讲

SHUJU YAOSU QIANYAN JIU JIANG

清华大学社会科学学院经济学研究所　编著

人民出版社 出版发行

（100706　北京市东城区隆福寺街 99 号）

北京中科印刷有限公司印刷　新华书店经销

2023 年 10 月第 1 版　2023 年 10 月北京第 1 次印刷
开本：880 毫米×1230 毫米 1/32　印张：6
字数：120 千字

ISBN 978－7－01－025896－6　定价：65.00 元

邮购地址 100706　北京市东城区隆福寺街 99 号
人民东方图书销售中心　电话 （010）65250042　65289539